Friedrich Huck

Die Honig- und Bienenpflanzen in Deutschland

Verlag
der
Wissenschaften

Friedrich Huck

Die Honig- und Bienenpflanzen in Deutschland

ISBN/EAN: 9783957006042

Auflage: 1

Erscheinungsjahr: 2015

Erscheinungsort: Norderstedt, Deutschland

Hergestellt in Europa, USA, Kanada, Australien, Japan
Verlag der Wissenschaften in Hansebooks GmbH, Norderstedt

Cover: Foto ©Susanne Schmich / pixelio.de

Unsere

Honig- und Bienenpflanzen,

deren Nutzen, Kulturbeschreibung u. s. w.

von

Friedrich Huck,

Kunst- und Handelsgärtner.

———

2. vermehrte Auflage.

Oranienburg 1887.

Ed. Freyhoff's Verlag.

Vorwort zur ersten Auflage.

Da jetzt von allen Seiten die Verbesserung der Bienenweide durch Anpflanzungen von Honig- und Bienen-nährpflanzen angestrebt wird, so macht sich für viele, welche solchem guten Werk obliegen wollen, ein Führer und Ratgeber nötig und zwar einesteils, um dergleichen Pflanzen besser kennen zu lernen, andernteils, um solche richtig kultivieren und mit Vorteil für die beabsichtigten Zwecke verwenden zu können. Um hier nun hülfreich zur Seite zu stehen, schrieb ich das vorliegende kleine Werkchen und suchte in demselben alle bisher bekannten, von der Biene mit Vorliebe besuchten, in unserem Klima gedeihenden Pflanzen anzuführen, ihre Kultur- und Behandlungsweise darin anzugeben und gleichzeitig auch auf deren sonstige Eigenschaften und Nebennutzen hinzuweisen.

Ich hoffe, daß die Broschüre dem Bienenfreund nur willkommen sein kann und werde mich freuen, wenn ich durch dieselbe zur Hebung der vaterländischen Bienenzucht beigetragen haben sollte.

Erfurt, im April 1884.

Der Verfasser.

Vorwort zur zweiten Auflage.

Die freundliche Aufnahme, welche die erste Auflage dieses Buches gefunden, ließ dieselbe schnell vom Büchermerkt verschwinden und machte die jetzt vorliegende zweite Auflage nötig.

Ich benutzte diese Gelegenheit, dem früheren Text sowohl die von mir inzwischen gemachten weiteren Beobachtungen und Erfahrungen, wie auch diejenigen anderer Bienenfreunde für die neue Auflage hinzuzufügen, so daß das Werkchen nunmehr bedeutend erweitert und vervollständigt erscheinen kann.

Auch für diese neue Auflage erbitte ich eine wohlwollende Aufnahme mit dem Wunsche, daß sie dem Imker zum Segen gereichen möge.

Erfurt, im Herbst 1886.

Der Verfasser.

Wert und Bedeutung der Bienenzucht.

Die Bienenzucht wird im allgemeinen als ein Zweig oder eine Tochter der Landwirtschaft angesehen und ist auch vielfach eng mit dieser verbunden, doch bildet sie eigentlich eine Wirtschaft ganz für sich, an welcher sich nicht nur der Landwirt, sondern alle Stände beteiligen können und solches ja auch thun. Dadurch nun, daß sie für alle zugänglich ist, alle an ihren Wohlthaten teilnehmen läßt, ist es auch allen vergönnt, zu ihrem Emporblühen beizutragen. Ein großer Teil unseres Volkes hält sie zwar nur für eine gewisse Liebhaberei, bei welcher nicht viel herauskomme, und legt ihr nicht den Wert bei, welchen sie in Wirklichkeit verdient; sie ist jedoch für unser Vaterland außerordentlich wichtig und kann, wenn mit Fleiß und Verständnis betrieben, dessen Wohlstand sehr erhöhen. Das Klima ist der Bienenzucht hinreichend günstig und in Gegenden, wo es an Honig= und sonstigen zur Erhaltung der Bienen nötigen Pflanzen nicht mangelt, wird sie auch immer die günstigsten Erfolge haben. Zudem sind in der Bienenwirtschaft in neuerer Zeit wesentliche Fortschritte gemacht worden, Fortschritte, welche die Honigerträge um ein Beträchtliches vermehren helfen; ebenso gelangt man mehr und mehr zu der Ueberzeugung, daß sie durch künstliche Aufbesserung der Bienen= weide sich noch lohnender gestalten werde, und so bleibt nur noch der Wunsch, daß alle, Regierungen, Behörden und Private, sie schirmen, unterstützen und fördern möchten zum Wohle des Einzelnen, zum Segen des Ganzen.

Zur Einrichtung eines Bienenstandes ist, weil schon mit einem einzigen Volk oder Schwarm begonnen werden kann, kein großes Anlagekapital nötig, welches selbst der Aermere, wenn er nur ernstlich will, aufbringen kann. Der kleinere Mann, namentlich auch der Arbeiter auf dem Lande, kann sich deshalb stets auch das Halten von Bienen mit angelegen sein lassen. Hat er sich die nötigen Er= fahrungen gesammelt und das Glück ist ihm günstig, so kann ihm mit der Zeit sein Bienenstand zur besten Ein= nahmequelle werden. Der Biene braucht nicht erst wie anderen Haustieren tagtäglich Futter gereicht werden, denn sie sucht ihre Nahrung nicht nur selbst, sondern giebt auch noch von den Früchten ihres Fleißes ab. Diese beiden Thatsachen sind eben die angenehmsten Seiten der Bienen= zucht. Ferner gewährt sie aber auch Unterhaltung und Vergnügen und übt sogar auf den sich mit ihr Beschäfti= genden einen sittlichen Einfluß aus. Der Biene Fleiß, ihre Ordnungsliebe, ihre pflichttreue Hingabe zum Ganzen und ihre Liebe und Anhänglichkeit zur Königin als Staats= oberhaupt sind leuchtende Vorbilder der häuslichen und bürgerlichen Tugenden und zeigen, wie Einigkeit stark macht und alles wohl geht, wenn aufopfernd jeder nur dem Ganzen dient. Wir finden daher in den Bienenwirten auch meist nüchterne, strebsame und ordnungsliebende Menschen.

Schon die älteren Kulturvölker haben die Bienen= zucht betrieben, wie auch unsere germanischen Vorfahren, und es darf wohl angenommen werden, daß diese derselben einen größeren Wert beigelegt haben, als wir in der Jetztzeit.

Erst mit dem Einführen und der Gewinnung des Zuckers mag solche dann allmählich im Ansehen gesunken sein. Der Honig ist aber eines der gesundesten und besten Nahrungsmittel, und schon deswegen ist die Bienenzucht von hoher Wichtigkeit und der größeren Verbreitung in allen Volksschichten wert. Würde dieselbe eine allgemeine sein, und sorgten wir für eine hinlängliche und reichliche Bienenweide, so wäre unser Vaterland das honigreichste Land der Erde, die Produktion desselben würde erheblich gesteigert, der Honig immer mehr zum Volksnahrungsmittel und der Ueberfluß könnte dann an andere Länder abgegeben werden.

Die Wichtigkeit der Honig- und Bienennährpflanzen.

Zum Gedeihen der Bienenzucht gehören vor allem ein hierzu geeignetes Klima und reichliches Vorhandensein der Biene Nahrung gebender und zu ihrer Unterhaltung dienender Gewächse, denn ohne beides wird auch der sorgsamste und erfahrenste Bienenwirt es hier zu nichts bringen können. Im ganzen genommen ist nun, wie schon erwähnt, unser Klima der Bienenzucht günstig, doch was das Vorhandensein genannter Gewächse betrifft, so macht sich an diesen fast überall ein Mangel fühlbar; namentlich mangelt es an solchen zur Zeit der Früh- und Spättracht, so daß für den Fleiß der Biene Lücken und Pausen entstehen. Diese Lücken auszufüllen, um so der Biene eine längere Sammelzeit zu ermöglichen, ist daher eine der wichtigsten Aufgaben, welche aber nur durch Fleiß und Beharrlichkeit zum Ziele führen kann.

In früheren Zeiten mag es wohl trotz des fehlenden Kleebaues und Nichtanbaues mancher honigliefernden Handelsgewächse doch wohl besser als in der Gegenwart um die Bienenweide bestellt gewesen sein, wenigstens erzählen ältere Leute von den überaus reichen Honigernten ihrer Eltern und Großeltern. Man wird dies darauf zurückführen müssen, daß ehedem große Flächen Landes noch wüst und unbebaut gelegen und auf diesen eine Menge der ergiebigsten Bienenkräuter vorgekommen sein mögen; auch das damalige lässige Betreiben der Forstwirtschaft mag der Bienenweide günstig gewesen sein, indem so auf großen Waldblößen viele der genannten Gewächse zur reichlichen Vermehrung und Entwickelung zu gelangen vermochten. Das Aufraffen der Land= und Forstwirtschaft, welches eine bessere Bewirtschaftung der bisher schlecht benutzten Stellen zur Folge hatte und als ein großer Fortschritt und Segen für unser Land anzusehen ist, hat eben aber die Verarmung der Bienenweide mit sich gebracht. Wenn durch Urbarmachen vieler, ehedem brachliegender Flächen Landes auch viele Bienenkräuter vernichtet oder verdrängt worden sind, so giebt es doch immer noch Stellen genug, wo dergleichen Gewächse ein Unterkommen finden könnten; zudem hat sich auch ihre Zahl durch Einführung mancher ausländischen hier in Betracht kommenden Pflanzen sehr vermehrt, so daß für jeden Ort geeignete Pflanzen zur Verfügung stehen. Würden aber alle schlecht oder unbenutzt liegende Stellen zur Aufbesserung und Bereicherung der Bienenweide besäet und bepflanzt werden, so würde sich diese viel reicher und ergiebiger als bisher gestalten. Dieses würde dann eine größere Ausbreitung der Bienenzucht zulassen und somit einen größeren Honigreichtum zur Folge haben.

Ueber Ausführbarkeit des Anbaues der Honig- und Bienengewächse.

Unter Bienenweide verstehen wir den Bestand oder das Vorhandensein von Honig= und Bienennährpflanzen, welche eine Lage oder Oertlichkeit aufzuweisen haben, und wir unterscheiden hier eine natürliche und eine künstliche. Zur ersteren zählen wir die wildwachsenden, nicht durch Menschenhand angesäeten Kräuter, während alle durch dieselbe hervorgerufenen zur künstlichen zu rechnen sind, selbst wenn solche auch nicht der Bienen halber gesäet oder gepflanzt wurden. Raps= und Kleefelder, Linden= und Akazienalleen u. s. w. zählen somit nicht zur natür= lichen Bienenweide. Denken wir uns nun alle diese durch des Menschen Arbeit hervorgerufenen, honigliefernden Pflanzen weg, erst dann würde sich uns die natürliche Bienenweide in ihrer wahren Gestalt zeigen. Was wir aber hier zu sehen bekämen, würde den Bienenfreund mit Recht um seine Lieblinge besorgt machen und ihm die Gewißheit verschaffen, daß diese natürliche Weide seine Bienen unmöglich nähren könne. Was wäre wohl eine in gutem landwirtschaftlichen Betriebe stehende Ortsflur hier ohne Klee= und Rapsfelder und andere Kulturhonigpflanzen? Was wäre die Stadt oder das Dorf ohne Linden=, Obst= und andere hier in Betracht kommende Bäume, Stachelbeer= und andere

Sträucher? Der gesunde Blick würde hier wohl sofort erkennen, daß ohne diese von einer Einträglichkeit der Bienenzucht keine Rede mehr sein kann. Nur da, wo die Landwirtschaft noch schlecht oder ungenügend betrieben wird oder in waldreichen und Heidegegenden ist noch ausreichend natürliche Weide vorhanden. In kultivierten Gegenden ist somit die Bienenzucht ganz von der Landwirtschaft abhängig und ihr Wohl und Wehe hängt infolge dessen von des Landwirts Thun und Lassen mit ab. Wer aber von anderen abhängig ist, der ist nicht selbständig, und so ist auch die Bienenzucht in betreff der Bienenweide meistens ohne alle Selbständigkeit; ohne letztere läßt sich aber niemals ein hohes, großes Ziel erreichen, so auch hier nicht, und nur dann, wenn unsere Bienenwirte durch selbstthätiges Handeln ihren Bienen eine nicht mehr so vom Zufall abhängige Weide zu erstreben suchen, wird es besser werden. Solches zu erreichen ist nun zwar schwer, wäre aber sehr leicht, wenn wir nur alle der Biene gleichen und uns deren Tugenden zum Vorbild nehmen wollten. Was macht denn den Staat dieses so kleinen Geschöpfes so groß und geachtet? Ist es nicht vor allem der einheitliche Wille und das aufopfernde Bestreben, alle Kräfte vereint nur dem Ganzen zu widmen? Wie leicht wäre nicht die Bereicherung und größere Selbständigkeit der Bienenweide durch Anbau der in Rede stehenden Pflanzen zu ermöglichen, wenn hier einig und mit vereinten Kräften vorgegangen würde? Zehnmal mehr, ja hundertmal mehr Honigkräuter würden sich überall anbringen lassen, ohne dadurch andere Kulturpflanzen im mindesten nur zu beeinträchtigen. Greifen wir beispielsweise nur einmal nach einigen holzartigen

Bienennährpflanzen und bepflanzen damit im Geiste alle diejenigen Stellen, die sich uns darbieten. Da ist es zunächst die Linde, diese für viele Gegenden ganz vorzügliche Honigspenderin, welche uns beschäftigen soll. Im ganzen Dorf stehen ihrer nur drei, doch finden wir Raum für Dutzende. Das Dorf hat vier Straßeneingänge, da pflanzen wir an je einen zwei Stück und dies sieht ganz hübsch aus. Gleich am Ende des Dorfes liegt nun die Kirche mit dem Friedhofe; auch an diesen pflanzen wir zwei am Eingange. Vor dem Friedhofe liegt aber noch ein wenn auch nicht großer, doch freier Platz; da könnten wohl drei Linden ganz bequem stehen, wir pflanzen aber in die Mitte desselben nur eine, denn es ist zwar ein Gemeindeplatz, doch die Nachbarn stellen hier öfters ihre Ackergeräte auf, obwohl sie eigentlich kein Recht dazu haben; es giebt ja aber überall Platz genug im Dorfe, welcher nicht benutzt wird und so geniert dies niemand. Vor der Schul= und Pfarrwohnung ist wieder ein freier, gänzlich unbenutzter Platz, auf welchem junge Gänse das dürftige Gras zupfen und über welchem der Weg die Jugend zur Schule führt. Da können wieder zwei Linden stehen, die sich ganz schön ausnehmen werden.

Die nun ins engere Dorf führende Straße ist von zwei Reihen Pappeln umsäumt; plötzlich theilt sie sich; geradeaus gesehen steht die Brauhauslinde, mehr rechts findet sich aber wieder ein freier Platz und auch hierher kommt eine Linde. Die anderen Dorfstraßen sind zum Bepflanzen zu eng; doch bei der Gemeindeschänke ist wieder Raum für zwei vorhanden. Wir haben so funfzehn Stück auf der Gemeinde Grund und Boden ohne Nachteil für irgend jemand gepflanzt. Die Ortsflur selbst ist separiert, alle Wege laufen schnurgerade, von Bäumen keine Spur mehr, alle sind durch die Separation verschwunden. Schön und nützlich wäre es da, wenn draußen im Feld, weit vom Dorf hier und da ein schützender Baum stände, welcher Obdach bei Regen und kühlen Schatten zur heißen Tageszeit gewährte, und so pflanzen wir wieder zehn Linden nach allen Richtungen hin. In der gegen dreitausend Morgen großen Flur und bei den vielen langen und breiten Wegen sind zehn Stück gar nichts, doch lassen wir es bei diesen einstweilen bewenden und pflanzen nur noch einige Linden an die Chausseen und Wege nach fremden Ortschaften hin, damit sich der Wanderer unter ihnen ausruhe und sie auch bei Schnee = oder Nebelwetter dem Verirrten als Wegweiser dienen können. So haben wir die Bienenweide schon um einiges verbessert und zwar ohne unser eigenes Land dadurch in Anspruch genommen zu haben. Es bedurfte nur unserer Anregung und der Gemeindevorstand lieferte freiwillig alle die gepflanzten Stämme.

Die zierlich belaubte und schönblühende Akazie ist auch ein Honigbaum und von dieser pflanzen wir an die Thoreingänge der Gehöfte, so auch vor die Hausthüren, wölben diese zu einem lebenden Dach und stellen eine Bank darunter. Wie schön ist es doch, wenn wir es verstehen, uns das Leben auf solche Weise angenehm zu machen, und wie arm ist der, dem niemals eingefallen ist, sein engeres Heim mit Pflanzen zu schmücken. Im Gartenzaune wächst der Haselnußstrauch, dessen Blütenkätzchen schon im zeitigen Frühjahr von der Biene aufgesucht werden. Durch Verschneiden des Zaunes wird derselbe aber immer am Blütentragen gestört. Doch unserem Fleiß gelingt es, den Strauch zu Bäumchen zu ziehen; diese blühen reichlich und tragen obendrein noch Früchte. Die Lambertsnuß, welche sich noch leichter zu Bäumchen ziehen läßt, pflanzen wir überall hin, wo sich nur ein Plätzchen bietet, ebenso auch die Korneliuskirsche; letztere bald als Bäumchen, bald als Heckenpflanze.

Die kleinfrüchtige Stachelbeere pflanzen wir in jede Zaunlücke, die großfrüchtige aber in den Garten, machen davon Ableger, so viel es geht und verschenken solche nach allen Seiten, ebenso auch von Himbeeren und Johannis= beeren. Dies alles hilft die Bienenweide bereichern und wenn viele ein Kleines thun und immer wieder thun, so wird auch aus dem Kleinen ein Großes.

An die kahlen Bergwände pflanzen wir dann wieder Linden, Akazien und Teufelszwirn, an Hohlwege, an Fluß= und Bachufer die Sahlweide, an den Saum der Waldungen die Steinlinde, die Haselnuß, das Pulverholz und andere mehr und wenn wir nur suchen, so finden wir noch viele andere Stellen, wo wir dergleichen holzartige Gewächse unterzubringen vermögen. Die Laube im Garten, die Wände der Gebäude und noch andere Stellen können mit honig= gebenden Schlingpflanzen bekleidet werden.

Ferner sind es ja aber bekanntlich nicht nur die holzartigen Gewächse, welche uns hier dienen können, sondern auch noch eine ganze Menge ein= und mehr= jähriger Nutz= und Zierpflanzen. Die zum Verwildern geeigneten streuen wir auf Bergäcker, Raine, Ränder, Fluß= und Eisenbahndämme, Kiesbänke, alte Steinbrüche, Kleefelder, Wiesen und viele andere Orte aus. Ferner suchen wir den Anbau honigender Futter= und Handels= gewächse zu fördern und die der Biene zur Nahrung bienenden Zierpflanzen in allen Gärten, auf Friedhöfen und öffentlichen Anlagen zu verbreiten. Auch zwischen den Hackfrüchten des Feldes lassen sich viele Honigpflanzen ganz dünn ausgestreut mit unterbringen, kurz überall giebt es passende Gelegenheiten und auch passende Pflanzen. Es liegt somit nur an unserem Wollen, an unserem Fleiße, die Bienenweide reichlich, außerordentlich ergiebig zu gestalten und die Bienenzucht so selbständiger zu machen. Wir können aber noch weitergehen und brauchen nicht nur die nicht oder schlechtbenutzten Stellen zu bepflanzen, sondern können auch eine Anzahl der ergiebigeren Honigpflanzen allein der Biene halber auf dem Acker anbauen, ohne fürchten zu müssen, unsere Rechnung nicht dabei zu finden. Sind doch viele Honigpflanzen einträgliche Futter- und Handelsgewächse, so daß deren Anbau sich dieserhalb schon bezahlt macht. Da, wo die Frühtracht eine arme, aber kein Rapsbau üblich ist, könnten die Bienenwirte sich zusammenthun und ohne Risiko eine entsprechende Fläche Raps gemeinsam bauen oder bauen lassen; der Ertrag an Samen allein schon würde als Ernteresultat genügen, und das, was der Biene dabei zu gute gekommen, als Gewinn zu betrachten sein. Da in dem vorliegenden Schriftchen bei der Kulturbeschreibung der einzelnen Gewächse ihr Nebennutzen mit angegeben ist, so bedarf es in diesem Kapitel keiner weiteren Auseinandersetzung, zumal auch bei einigem Nachdenken der Bienenwirt das für ihn zweckentsprechende leicht selbst herausfinden wird.

Allgemeines über Honig- und Bienennährpflanzen.

Unter diesen verstehen wir solche Gewächse, welche mit besonderer Vorliebe von der Biene zu ihrer Nahrung und Erhaltung aufgesucht werden. Wir begegnen solchen fast in allen Abteilungen des großen Pflanzenreiches, sowohl unter den ein- und zweijährigen, als auch den ausdauernden, zwiebel- und holzartigen Gewächsen und vermissen selbige nur bei den ganz niedrigen Geschlechtern, wie Moose, Flechten, Schwämme 2c., wenigstens mangeln uns von diesen noch die Beweise. Sie zerfallen in eigentliche Honigpflanzen, welche ausschließlich nur Honig geben, in solche, welche Honig und Blütenstaub zugleich liefern, in solche, welche nur Blütenstaub, in solche, welche diesen und auch Wachs, wie in solche, welche nur Wachs liefern. Wohl alle haben die Eigentümlichkeit, daß sie nicht überall oder zu allen Zeiten gleich reich an Bienennährstoffen sind. Die Linde z. B., welche allgemein als guter Honigspender gilt, honigt in manchen Lagen gar nicht und wird dort von der Biene deshalb auch nicht aufgesucht.

Die Ursachen, weshalb eine anerkannt gute Honigpflanze nicht überall gleich gut honigt, sind noch nicht oder zum Teil nicht hinlänglich aufgeklärt, und erst dann, wenn sich auch die Wissenschaft mehr mit den Bienenkräutern beschäftigen wird, wird mehr Licht und Aufklärung in die Sache kommen. Es muß nun geraten werden, ungekannte oder noch nicht geprüfte und bewährte hierher gehörige Pflanzen anfänglich immer erst versuchsweise im kleinen anzubauen und nur die bewährt befundenen dem größeren Anbau zu widmen. Im allgemeinen sind es die Blütenteile solcher Pflanzen, welche von der Biene aufgesucht werden; doch sind es diese nicht allein, sondern auch oftmals die Blattknospen und Blätter, letztere wohl nur bei sogenanntem Honigtau, welchen manche für eine krankhafte Ausschwitzung der Pflanze, andere als Absonderungen von Blattlausarten halten, während wieder andere beides in Verbindung zu bringen suchen.

Es bleibt eben auf diesem Gebiete noch vieles zu erforschen übrig. Wir dürfen aber hoffen, daß mit dem Fortschreiten des Anbaues von Bienenkräutern noch eine Menge der allerbesten Honigpflanzensorten entdeckt und uns zugeführt werden. Was wir bisher von diesen besitzen, sind zum großen Teil ausländische Pflanzen, welche aber nicht der Biene halber, sondern zu anderen Zwecken eingeführt worden sind. Bauen wir erst Honigpflanzen, ist das Bedürfnis nach solchen bei uns rege, so werden gewiß auch die Botaniker bei ihren Forschungen noch manche für unser Klima taugliche Pflanze auffinden.

Mit der Zeit werden wir jedenfalls auch noch lernen, durch entsprechende Kultur und Behandlungsweise die honigliefernden Gewächse noch honigreicher zu machen. Haben wir nicht hinlängliche Beweise dafür, daß wir durch entsprechende Kultur den Zucker- und Stärkegehalt mancher Pflanzen erhöhen können? Es ist somit ein weites Feld für die Thätigkeit vorhanden; es möge nur an fleißigen Arbeitern nicht fehlen!

Welche Honig- und Bienenpflanzen soll der Bienenwirt hauptsächlich anbauen und verbreiten?

Vor allen diejenigen Sorten, mit denen er die verschiedenen Honigtrachten verlängern und vorkommende Lücken und Pausen derselben ausfüllen und ergänzen kann.

Der Bienenwirt soll nicht nur ein Kenner der Bienenpflanzen sein, sondern er soll auch wissen, wann eine Sorte zu blühen beginnt und wie lange sie blüht, und dann soll er auch noch ferner wissen, welche Sorten in seiner Gegend gut honigen und welche daselbst keine Erträge geben.

Die Blütezeiten der verschiedenen Bienenpflanzen finden sich in der Zusammenstellung Seite 21 ff. aufgezeichnet, so daß der hier noch lernende Imker sich leicht zurechtfinden kann. Was dagegen das Herausfinden derjenigen Bienenpflanzen, welche für seine Gegend ergiebig und lohnend sind, betrifft, so muß er sich solches Wissen aus eigener Erfahrung anzueignen suchen. Die beste Honigpflanze, welche zum Beispiel in einer Berggegend die höchsten Honigerträge giebt, kann, wenn sie in einem Thale angebaut wird, daselbst weniger befriedigen, ja es kann vorkommen, daß sie hier von den Bienen gar nicht besucht wird; ebenso können die verschiedenen Bodenarten bald günstig, bald weniger günstig auf das Honigen einer Pflanze einwirken, wie auch die klimatischen Verhältnisse hierbei von Einfluß sind.

Dann soll auch der Imker nicht mehrere zu gleicher Zeit blühende Honigpflanzen in größerer Menge ziehen, wenigstens nicht solche Sorten, welche mit den Gewächsen, welche in der Haupttracht schon in Menge vorhanden sind, zugleich blühen. Denn wo zum Beispiel die Linde, Akazie oder Esparsette den Ausschlag für die Haupthonigernte geben und überreich vorhanden sind, ist es oftmals ganz unnütz, noch andere zur gleichen Zeit blühende Pflanzen anzubauen, da die Biene ja genug zu thun hat und nicht allen vorhandenen Honigreichtum in der kurzen Zeit einzubringen vermag. Hier ist es dann viel zweckmäßiger, solche Sorten anzubauen, welche nach dem Verblühen der Linde, Esparsette u. s. w. in Blüte treten. Pflanzen, die zur Zeit der Früh= und Spättracht blühen, müssen um so mehr berücksichtigt werden, als diese Zeiten meist arm an Honig sind und deshalb die Biene alles ihr Gebotene gern mitnimmt. Um hier zu lernen, thut der Bienenfreund am besten, wenn er sich einen kleinen Versuchsacker anlegt und daselbst allerlei Sorten Bienenpflanzen anbaut und sie vergleicht und beobachtet. Die von den Bienen beflogenen Sorten muß er alsdann bauen und auch anderwärts zu verbreiten suchen.

Bei vielen Imkern herrscht die Meinung, sie könnten nichts zur Bereicherung der Bienenweide beitragen; doch ist diese Ansicht eine ganz irrige. Man meint, nur ein großes Rapsfeld, eine recht lange Lindenallee oder eine weite Fläche Esparsette wäre allein maßgebend. Wie aber, wenn nun eine solche ganze volle Blüte verregnet, wenn Wind und rauhe Witterung die Bienen am Ausfliegen verhindern? Unsere Alten hatten keine Klee= und Raps= felder, auch noch nicht den uns so nützenden Mobilbau und gewannen doch mehr Honig als wir und zwar meist darum, weil die damalige Bienenweide eine mehr un= ausgesetzte und andauernde war. Tausend, zehntausend

Morgen der schönsten Esparsetteblüte können, wenn letztere nur vierzehn Tage in Blüte steht und dann abgehauen wird, den gesamten Bienen eines Ortes nicht so viel nützen, als ein bis zwei Morgen Land, wenn diese eben von Frühjahr bis Herbst unausgesetzt in Blüte stehen könnten. Die Bienen eines Ortes können eben den Honig= reichtum von tausend Morgen nicht in den zwei Wochen einbringen und schon zehn Morgen Esparsette würden für alle genügen, um sich darin gütlich zu thun. Was macht denn die Biene, wenn die Kleefelder abgemäht, die Kornfelder nur noch dürre Stoppeln zeigen? Sie durch= fliegt suchend das weite, leere Feld. Die Witterung wäre zum Honigsammeln noch äußerst günstig, aber es fehlt an Honigblumen. Unablässig sucht sie alsbann die wenigen Gartenblumen ab und einige Resebabüsche sind ihr hier wie gefunden. Du siehst dies und freust dich wohl, aber obgleich du ein Imker bist und dein Bienenhaus mitten im Garten steht, hast du noch niemals ein Korn Reseba gesäet und doch blüht diese vom Juni bis zum späten Herbst. Säetest du ein Beet davon und sorgtest dafür, daß in sämtlichen Dorfgärten einige Pflanzen ständen, wie auch auf den Kraut= und Rübenfeldern hier und da einige Resebapflänzchen zu finden wären und nähmst du alle diese Pflänzchen in Gedanken einmal zusammen, denkst dir auch noch einzeln zerstreute Sonnen= blumen und andere im Sommer und Herbst blühende Gartenblumen hinzu, welche alle durch dein Wirken in Garten und Feld ins Dasein gerufen sind — ich glaube, alle diese Pflanzen würden kaum auf einer morgengroßen Fläche unterzubringen sein. Es ist somit für den Imker gar nicht gleichgültig, ob er in genannter Weise etwas thut oder ob er nichts thut. Der Imker der Jetztzeit darf nicht nur mit Messer und Honigschleuder hantieren wollen, nicht nur sinnen und trachten suchen, wie er der Biene Fleiß für sich ausnütze, sondern er muß auch die Bienenflora kennen zu lernen sich bestreben und die Verwertung seiner Kenntnisse für das Praktische sich immer mehr angelegen sein lassen; nur dann, wenn er solches thut, ist er erst ein richtiger Bienenfreund und ein kluger Bienenvater.

Die Bienengewächse in der Reihenfolge ihrer Blütezeit.

Bei verschiedenen Bienengewächsen können wir die Blütezeit je nach ihrer früheren oder späteren Aussaat auf einen uns beliebigen Zeitpunkt verlegen, namentlich bei den einjährigen Sorten. Blumen, welche bei einer Aussaat im März z. B. im Juni blühen, gelangen bei einer solchen im Mai erst im Spätsommer und Herbst zur Blütenentfaltung. Es können diese Umstände viel zur Verlängerung der Honigtracht beitragen; da jedoch Lage und Klima hier mit maßgebend sind, so muß der Bienenwirt dieses berücksichtigen und selbstdenkend handeln; in wärmeren Lagen daher nicht allzufrüh, in kälteren nicht allzuspät säen.

Die Blütezeitangabe der nachstehenden Gewächse ist nur eine allgemeine und kann somit nicht für jede Gegend bestimmt maßgebend sein, doch dient sie hier immerhin als Anhaltepunkt. Die Wintermonate Dezember, Januar und Februar sind entweder gar nicht oder doch nur zum schwachen Ausflug der Bienen geeignet; nicht selten ist schon der Februar zum Ausfliegen und ersten Sammeln günstig genug, so daß wir daher mit den im Februar blühenden Gewächsen beginnen müssen. Es blühen nun im

Februar:

Corylus Avellana, Crocus vernus, Galanthus nivalis, Helleborus niger.

März:

Die vorigen, Arabis alpina, Bulbocodium vernum, Cornus mascula, Helleborus foetidus, Petasites vulgaris, Ribes Grossularia, Prunus und Pirus, verschiedene, Salix, verschiedene.

April:

Adonis vernalis, Arabis alpina, Barbara vulgaris, Brassica Napus, Helleborus foetidus, Pirus und Prunus, verschiedene, Ribes, verschiedene, Salix, verschiedene.

Mai:

Alyssum, Benthami, Anchusa, verschiedene, Barbara vulgaris, Brassica Napus, allerlei kohlartige Gewächse, Isatis tinctoria, Lamium album und purpureum, Pirus und Prunus, verschiedene, Ribes, verschiedene, Saxifraga, verschiedene.

Juni:

Anchusa, verschiedene, Aquilegia, verschiedene, Asperula azurea setosa, Bartonia aurea, Borago officinalis, Campanula, verschiedene, Centaurea, verschiedene, Clarkia elegans und pulchella, Convolvulus tricolor, Delphinium, verschiedene, Dracocephalum, verschiedene, Digitalis, verschiedene, Escholzia californica, Elsholtzia cristata, Eutoca viscida unb Wrangeliana, Gilia, verſchiebene, Hedysarum, verſchiebene, Iberis odorata, Lamium album, Leonurus cardiaca, Matthiola bicornis, Monarda, verſchiebene, Melilotus, verſchiebene, Phacelia congesta unb tanacetifolia, Polemonium coeruleum, Reseda odorata, Robinia, verſchiebene, Ruta graveolens, Rudbeckia, verſchiebene, Salvia, verſchiebene, Saxifraga, verſchiebene, Stachys, verſchiebene, Thalictrum augustifolium, Thymus, verſchiebene, Tilia, verſchiebene, Trifolium, verſchiebene, Veronica, verſchiebene, Whitlavia grandiflora.

Juli:

Althaea rosea, Anchusa, verſchiebene, Asclepias, verſchiebene, Asperula azurea setosa, Bartonia aurea, Borago officinalis, Bryonia alba, Campanula, verſchiebene, Centaurea, verſchiebene, Chelone barbata, Cerinthe, verſchiebene, Clarkia elegans unb pulchella, Convolvulus tricolor, Coriandrum sativum, Delphinium, verſchiebene, Digitalis, verſchiebene, Dracocephalum, verſchiebene, Echium, verſchiebene, Euphrasia Odontides, Elsholtzia cristata, Epilobium augustifolium, Escholzia californica, Eutoca viscida unb Wrangeliana, Gilia, verſchiebene, Hedysarum, verſchiebene, Helianthus, verſchiebene, Hyssopus officinalis, Iberis odorata, Ipomea, verſchiebene, Impatiens glanduligera, Lallemantia canescens unb peltata, Lavatera trimestris unb thuringiaca, Lavendula vera, Leonurus cardiaca, Ligustrum vulgare, Linaria, verſchiebene, Lythrum Salicaria gracilis, Lupinus luteus, Lycium europaeum, Malope grandiflora,

Matthiola bicornis, Melilotus, verſchiebene, Melissa officinalis, Monarde, verſchiebene, Nepeta, verſchiebene, Nicotiana, verſchiebene, Nigella, verſchiebene, Nolana, verſchiebene, Ocimum, verſchiebene, Oenothera, verſchiebene, Origanúm, verſchiebene, Oxalis Valdiviana, Phacelia congesta unb tanacetifolia, Pimpinella Anisum, Polemonium coeruleum, Polygonum Fagopyrum, Prunella vulgaris, Reseda luteola unb odorata, Rudbeckia, verſchiebene, Ruta graveolens, Salvia, verſchiebene, Sanvitalia procumbens, Sedum, verſchiebene, Sycios angulata, Symphitum, verſchiebene, Symphoricarpus racemosa unb vulgaris, Sinapis alba, Stachys, verſchiebene, Tilia, verſchiebene, Thymus, verſchiebene, Trifolium, verſchiebene, Veronica, verſchiebene, Vicia, verſchiebene.

Auguſt:

Althaea rosea, Asclepias, verſchiebene, Borago offic., Brassica Rapa, Bryonia alba, Chelone barbata, Centaurea, verſchiebene, Clarkia elegans unb pulchella, Convolvulus tricolor, Coriandrum sativum, Dracocephalum, verſchiebene, Echium, verſchiebene, Erica vulgaris, Gutierrezia gymnospermoides, Helianthus, verſchiebene, Hyssopus offi., Impatiens glanduligera, Ipomea purpurea, Lallemantia canescens unb peltata, Lavatera, verſchiebene, Lycium europaeum, Lythrum Salicaria gracilis, Malope grandiflora, Matthiola bicornis, Melilotus, verſchiebene, Monarde, verſchiebene, Nepeta, verſchiebene, Nicotiana, verſchiebene, Nigella, verſchiebene, Nolana, verſchiebene, Ocimum, verſchiebene, Oenothera, verſchiebene, Origanum, verſchiebene, Oxalis Valdiviana,

Phacelia congesta und tanacetifolia, Polygonum Fagopyrum, Prunella vulgaris, Reseda luteola und odorata, Rudbeckia, verschiebene, Salvia, verschiebene, Sanvitalia procumbens, Sedum, verschiebene, Sycios angulata, Symphoricarpus racemosus und vulgaris, Stachys, verschiebene, Thymus Serpyllum, Trifolium, verschiebene, Veronica, verschiebene, Vicia, verschiebene.

September:

Althaea rosea, Asclepias, verschiebene, Borago officinalis, Brassica Rapa, Campanula piramidalis, Cerinthe, verschiebene, Convolvulus tricolor, Dracocephalum moldavicum, Echium vulgare, Erica vulgaris, Gutierrezia gymnospermoides, Hedysarum Onobrychis biferum, Helianthus, verschiebene, Impatiens glanduligera, Ipomea purpurea, Leonurus cardiaca, Lycium europaeum, Malopa grandiflora, Melilotus, verschiebene, Nepeta Cataria, Nicotiana, verschiebene, Nigella, verschiebene, Nolana, verschiebene, Ocimum, verschiebene, Origanum, verschiebene, Oxalis Valdiviana, Phacelia congesta und tanacetifolia, Polygonum Fagopyrum, Reseda luteola und odorata, Salvia, verschiebene, Sanvitalia procumbens, Sedum, verschiebene, Sycios angulata, Symphoricarpus racemosus und vulgaris, Thymus Serpyllum, Trifolium, verschiebene, Veronica, verschiebene, Vicia, verschiebene.

Oktober:

Althaea rosea, Borago officinalis, Echium vulgare, Erica vulgaris, Gutierrezia gymnospermoides, Hedysarum Onobrychis biferum, Helianthus, verschiebene, Impatiens glanduligera, Lycium europaeum,

Malope grandiflora, Melilotus, verſchiebene, Nepeta
Cataria, Nicotiana, verſchiebene, Ocimum, verſchiebene,
Origanum, verſchiebene, Phacelia tanacetifolia, Reseda, verſchiebene, Salvia, verſchiebene, Symphoricarpus
racemosus und vulgaris, Thymus Serpyllum, Trifolium, verſchiebene.

November:
Die meiſten der vorſtehenden Sorten blühen bei milder
Witterung auch noch im November.

A. Einjährige oder Sommergewächſe.

Die Blütezeit derſelben fällt, wenn der Samen im
Frühjahr geſäet wird, in die Sommermonate und dauert
bei einigen Sorten auch bis zum Herbſt. Durch eine
ſpätere Ausſaat, welche meiſt im Mai und Anfang
Juni ſtattfinden kann, iſt es ermöglicht, die Blütezeit
vieler auch in den Spätſommer und Herbſt zu verlegen.
Sie eignen ſich ſo großenteils zur Aufbeſſerung der
Spättracht, während einige Sorten, wenn im Sommer
und Herbſt geſäet, die Frühtracht bereichern helfen.

No. 1. Alyssum Benthami.
Steinkraut.

Ein Ziergewächs und wohlriechend, 20 bis 30 Ctm.
hoch. Für Beete und Einfaſſungen. Ausſaat: In Töpfe
oder Miſtbeet. Auspflanzung der jungen Pflanzen im
April und Mai; Blütezeit: Mai—September.

No. 2. Antirrhinum majus.
Löwenmaul.

Ein Ziergewächs. Steht schön auf Rabatten. Höhe: 60 bis 80 Ctm. Die Zwergart A. maj. nanum nur halb so hoch. Aussaat: In Töpfe oder Mistbeet. Auspflanzung ins Freie: April—Juni. Blütezeit: Juni bis November.

Wird von der Biene aufgesucht, doch bleiben diese häufig in der mit einer Klappe versehenen Blume stecken; deshalb weniger zu empfehlen.

No. 3. Asperula azurea setosa.
Blaublühender Walbmeister.

Ein Ziergewächs. Aussaat: Ins freie Land an Ort und Stelle. Höhe 20 Ctm. Blütezeit: Juni—August. Zu Einfassungen der Beete und Rabatten.

No. 4. Bartonia aurea.
Goldfarbige Bartonie.

Ein Ziergewächs. Höhe 50 Ctm. Aussaat: Ins freie Land an Ort und Stelle. Blütezeit: Juli—August. Steht hübsch auf Rabatten.

No. 5. Borago officinalis.
Boretsch oder Gurkenkraut.

Ein Küchenkraut und offizinelle Pflanze. Höhe 40—60 Ctm. Aussaat: Im Frühjahr ins freie Land an Ort und Stelle. Blütezeit: Juni—September.

Ist eine der besten Honigpflanzen und säet sich, da wo einmal angebaut, gern selbst aus und erscheint so alljährlich von neuem. Kann schon im Februar ausgesäet werden; säet man öfters, so kann man bis November blühende Pflanzen haben. Gedeiht in jedem

Gartenboden und auch auf dem Felde, doch hier nur auf besserem Lande, wie z. B. auf Kraut= und Rübenfeldern.

Durch Verschenken von Samen sollte der Imker dieses Gewächs in allen Gärten zu verbreiten suchen, die Bienen könnten so im Sommer viel Nahrung finden, ebenso würde ein dünnes Ausstreuen des Samens an geeigneten Stellen des Feldes der Biene sehr nützlich werden. Zudem ist der Samen nicht teuer. Zum Küchengebrauch genügen gewöhnlich schon einige Pflanzen, doch kann das Gurkenkraut auch zur Gewinnung des Samens oder für Apotheker angebaut werden und gewährt so doppelten Gewinn.

No. 6. **Brassica Napus.**
Raps oder Winterrübsen.

Ein Oel= und Handelsgewächs. Höhe: 1 Mtr. Aussaat im Sommer. Blütezeit: April—Mai.

Liebt gutes, gedüngtes Land und wird nur auf dem Felde gebaut, doch kann er auch im Garten gezogen werden. Man säet ihn breitwürfig und recht dünn, so daß jede Pflanze von der anderen wenigstens 10 Ctm. Abstand erhält. Da der Raps als Oel= und Handelsgewächs allein schon seinen Anbau bezahlt macht, so hat der Imker, wenn er dieses selbst in die Hand nimmt, gar nichts zu riskieren. In Gegenden, wo der Rapsbau nicht üblich und die Frühtracht sonst eine ärmliche ist, ist sein Ansäen deshalb zu empfehlen. Am besten säet man ihn in der Nähe des Dorfes, damit die Bienen nicht so weit zu fliegen brauchen.

Es giebt davon verschiedene Spielarten, wie z. B. den Awehl, den russischen, den weißblühenden und den Schirm=Raps. Der Awehl kann auch im Herbst noch gesäet werden und blüht dann etwas später als der gewöhnliche Raps; eine Frühjahrsaussaat verträgt der Awehl gleichfalls und blüht dann gegen Ende Juni bis Mitte Juli.

Auch unsere kohlartigen Gartengewächse, wie Kraut, Wirsing 2c. dienen, wenn zum Samentragen gepflanzt, im Frühjahr der Biene zur Nahrung, weshalb man auch diese mit anbauen und den Samen an Samenhandlungen verkaufen kann.

No. 7. **Brassica Rapa.**
Rübsam, Sommerrübsen.

Ein Oel- und Handelsgewächs. Höhe: 1 Mtr. Aussaat: Im Spätfrühling und Frühsommer. Blütezeit: August—September.

Auch bei dieser Pflanze lohnt der Anbau schon der ölhaltigen Samenkörner wegen, und da die Blütezeit in den Sommer — für viele Gegenden in die ärmlichere Trachtzeit fällt — so ist ihre Kultur nur anzuraten. Die Aussaat geschieht breitwürfig und etwas dichter als beim Raps. Auch im Garten ist sein Anbau zu empfehlen, indem frühzeitig abgeerntete Gemüsebeete gleich wieder mit Sommerrübsen bestellt werden können.

No. 8. **Carthamus tinctorius.**
Saflor.

Ein Färbegewächs. Höhe: 1 Mtr. Aussaat: Ins freie Land an Ort und Stelle. Blütezeit: Juni—Juli.

Wird zu technischen Zwecken an manchen Orten im großen angebaut. Im Garten steht er hübsch auf Rabatten.

No. 9. **Centaurea Cyanus.**
Gemeine Kornblume.

Die wilde Kornblume, welche als Unkraut auf den Getreidefeldern vorkommt, wird von den Ackerwirten meist nicht gerne gesehen, trägt jedoch bisweilen viel zu einer guten Honigtracht bei. Da sie aber auch eine offizinelle Pflanze ist, so kann dieselbe auch ihrer blauen Blütenkrone halber, denn diese ist es, welche benutzt wird, angebaut werden. Die Aussaat erfolgt dann im Herbst oder Frühjahr auf schmalen Beeten, welche einen Durchgang zwischen den blühenden Pflanzen gestatten.

Im Garten wird die Kornblume auch gezogen und kommen daselbst mehr die buntfarbigen Spielarten in Betracht. Die Aussaat erfolgt hier ebenfalls sogleich an Ort und Stelle. Blütezeit: Sommer. Höhe: 50 Ctm.

No. 10. **Centaurea moschata.**
Moschus-Kornblume.

Ein Ziergewächs. Höhe: 50 Ctm. Aussaat: Ins freie Land an Ort und Stelle. Blütezeit: Juni bis September.

Für Rabatten.

No. 11. **Centaurea suaveolens.**
Gelbliche Kornblume.

Ein Ziergewächs. Höhe: 50 Ctm. Aussaat: Ins freie Land an Ort und Stelle. Blütezeit: Juni bis September.

Für Rabatten.

No. 12. **Cerinthe bicolor.**
Zerinthe.

Ein Ziergewächs. Höhe: 30 Ctm. Aussaat: Ins freie Land an Ort und Stelle. Blütezeit: Juli bis September.

Für Rabatten.

No. 13. **Cerinthe retorta.**
Berinthe.

Ein Ziergewächs. Höhe: 30 Ctm. Aussaat: Ins freie Land an Ort und Stelle. Blütezeit: Juli bis September.

Für Rabatten.

No. 14. **Cheiranthus cheiri.**
Golblack.

Ziergewächs. Höhe: 30—80 Ctm. Aussaat: Im Mai in Töpfe. Blütezeit: Mai.

Von dieser Pflanze giebt es einfache und gefüllte Spielarten und sind für die Biene die einfachen vorzuziehen. Die jungen Pflanzen werden im Juni auf Gartenbeete gepflanzt und bleiben für unsere Zwecke auch den Winter über hier stehen. In etwas schattiger Lage überwintern sie besser als in sonniger.

No. 15. **Clarkia elegans.**
Clarkie.

Ein Ziergewächs. Höhe: 40—50 Ctm. Aussaat: Ins freie Land an Ort und Stelle. Blütezeit: Juni bis August.

Gute Honigpflanze, welche bei einer Aussaat im Mai bis zum Herbst blüht. Es giebt einfache und gefüllte Spielarten, welche alle gut für Rabatten passen.

No. 16. **Clarkia pulchella.**
Clarkie.

Ein Ziergewächs. Höhe: 30 Ctm. Aussaat: Ins freie Land an Ort und Stelle. Blütezeit: Juni bis August.

Steht der vorigen an Honigreichtum etwas nach, ist aber gleichfalls eine gute Honig= und Zierpflanze und für Rabatten und größere Einfassungen geeignet.

No. 17. Collinsia bicolor.
Zweifarbige Collinsie.

Ein Ziergewächs. Höhe: 20 Ctm. Aussaat: Im Herbst und Frühjahr ins freie Land an Ort und Stelle. Blütezeit: Je nach der Aussaat: Mai—Juni.

Eignet sich zu Einfassungen der Rabatten und Blumenbeete.

No. 18. Convulus tricolor.
Niedrige Winde.

Ein Ziergewächs. Höhe: 20—30 Ctm. Aussaat: Ins freie Land an Ort und Stelle. Blütezeit: Juni bis September.

Ist nicht überall honigreich, doch da, wo ergiebig, wegen langen Blühens zu empfehlen und paßt für Rabatten oder größere Einfassungen.

No. 19. Cucumis sativus.
Gurke.

Ein rankendes Küchengewächs. Aussaat: Im Mai ins freie Land oder vordem in Mistbeete und Töpfe, um die Pflanzen im Mai ins Freie zu bringen. Blütezeit: Juli—September.

In Gegenden, wo die Gurke viel auf dem Felde im großen angebaut wird, ist selbige für die Spättracht gar nicht unwichtig.

No. 20. Cucurbita pepo.
Kürbiß.

Ein rankendes Küchengewächs. Aussaat: Im Mai ins freie Land oder vordem in Mistbeete und Töpfe, um die Pflanzen im Mai ins Freie zu bringen. Blütezeit: Juli—September.

Von diesem Gewächs giebt es auch Arten, welche keine Ranken treiben, und auch eine ganze Menge Sorten, welche keine genießbaren, sondern nur Zierfrüchte tragen. Man möchte sich versucht halten, den Kürbiß zu den minderwichtigen Honigpflanzen zu zählen und doch habe ich diese Pflanze genau beobachtet und gefunden, daß eine einzige Blüte davon binnen zwei Stunden von 189 Bienen beflogen wurde und zwar nicht etwa in der Weise, daß jede einzelne Biene derselben nur einen flüchtigen Besuch abgestattet, sondern sich wirklich darin zu schaffen machte; auch waren es zwei bis drei Bienen zu gleicher Zeit, welche gemeinschaftlich arbeiteten.

Damit die Pflanze nicht zu viel Raum einnehme, bringe man sie an Lauben, Spaliere 2c.

No. 21. Cynoglossum linifolium.
Flachsblättriges Vergißmeinnicht.

Ein Ziergewächs. Höhe: 20 Ctm. Aussaat: Ins freie Land an Ort und Stelle. Blütezeit: Juni.

Dient zu Einfassungen.

No. 22. Dracocephalum moldavicum.
Drachenkopf.

Ein Ziergewächs. Höhe: 30—50 Ctm. Aussaat: Ins freie Land an Ort und Stelle. Blütezeit: Juni bis September.

Ausgezeichnete Honigpflanze, welche sich auch leicht zwischen Hackfrüchten, wie Kraut, Rüben 2c. mit anbauen läßt, im Garten aber auf Rabatten gezogen wird.

No. 23. **Delphinium Ajacis.**
Garten-Rittersporn.

Ziergewächs. Höhe: ½ bis 1 Mtr. Blütezeit: Ende Mai bis Ende Juni. Aussaat: Im Herbst oder zeitigen Frühjahr ins freie Land an Ort und Stelle.

Von dieser Zierpflanze giebt es eine ganze Menge Spielarten, von denen die gefüllten von den Blumenliebhabern am meisten geschätzt werden. Den Samen säet man am besten in kleine Furchen.

No. 24. **Echium creticum.**
Natterkopf.

Ein Ziergewächs. Höhe: 40 Ctm. Aussaat: In Töpfe oder Mistbeet. Blütezeit: Juli—September.

Gute Honigpflanze. Die jungen Pflanzen sind im Mai ins Freie zu pflanzen. Für Rabatten.

No. 25. **Echium plantagenium.**
Natterkopf.

Ein Ziergewächs. Höhe: 40 Ctm. Aussaat: In Töpfe oder Mistbeet. Blütezeit: Juli—August.

Gute Honigpflanze, wird im Mai ins Freie verpflanzt. Für Rabatten.

No. 26. **Echium violaceum.**
Natterkopf.

Ein Ziergewächs. Höhe: 40 Ctm. Aussaat: In Töpfe oder Mistbeet. Blütezeit: Juli—August.

Gute Honigpflanze. Wird im Mai ins Freie verpflanzt. Für Rabatten.

No. 27. **Elsholtzia cristata.**
Elsholzie.

Ein Ziergewächs. Höhe: 20 Ctm. Aussaat: In

Töpfe oder Mistbeet oder im Mai ins freie Land. Blütezeit: Juni—September.

Sehr wohlriechend.

No. 28. **Erysimum officinale.**
Gemeiner Heberich.

Ein vom Landwirt nur ungern gesehenes Unkraut, doch nicht ohne Bedeutung für die Spättracht und in manchen Gegenden bisweilen die einzige Nahrung der Biene in der Spättracht. Höhe: 50 Ctm. Aussaat: Im Frühjahr und Herbst.

No. 29. **Escholzia californica.**
Kalifornischer Mohn.

Ein Ziergewächs. Höhe: 30 Ctm. Aussaat: Ins freie Land an Ort und Stelle. Blütezeit: Juni—August.

Liefert der Biene Blütenstaub und wird wegen seiner schönen goldfarbigen Blumen für Rabatten und zu Einfassungen benutzt.

No. 30. **Euphrasia Odontides.**
Zahntrost. Kornheide. Hackmannhart.

Ein Unkraut. Aussaat: Im Sommer und Herbst ins freie Land an Ort und Stelle. Blütezeit: Juli bis August.

Dieses nur etwas über spannehoch wachsende Pflänzchen findet sich ab und zu unter dem Wintergetreide, namentlich da, wo solches dünn und schlecht steht; es soll so honigreich sein, daß in Jahren, wo es besonders zahlreich auftritt, sich das Gewicht eines Bienenstockes in wenigen Tagen verdoppelt. Ich selbst sah diese Pflanze noch nie von der Biene besucht und habe auch meinen Zweifel über deren Honigreichtum öffentlich ausgesprochen, doch haben sich darauf Stimmen zuverläſſiger Bienenwirte vernehmen laſſen, welche deren Honigreichtum behaupten. Unter anderen wurde klargelegt, daß bei heißer, trockener Witterung der Honigſaft dieſer Pflanze vertrockne und ſo von den Bienen nicht eingeheimſt werden könne. Die Kornheide iſt jedenfalls der größten Beachtung wert und verdient, daß Anbauverſuche mit ihr gemacht werden. In Gegenden, wo ſie gut honigt, dürfte ihr Anbau wohl ſehr lohnend ſein.*

No. 31. Eutoca visolda.
Eutoke.

Ein Ziergewächs. Höhe: 30 Ctm. Ausſaat: Ins freie Land an Ort und Stelle. Blütezeit: Juni—Auguſt. Für Rabatten.

No. 32. Eutoca Wrangeliana.
Eutoke.

Ein Ziergewächs. Höhe: 20 Ctm. Ausſaat: Ins freie Land an Ort und Stelle. Blütezeit: Juni—Auguſt. Für Rabatten und Einfaſſungen.

No. 33. Foeniculum vulgare.
Fenchel.

Ein Arznei= und Küchengewächs. Höhe: 1—2 Mtr. Ausſaat: Ins freie Land an Ort und Stelle. Blütezeit: Auguſt—September.

Verlangt guten Boden und warmes Klima, ſo daß er für nördliche Gegenden weniger taugbar iſt.

---

* Anmerkung. Ich habe den Honigreichtum dieſer Pflanze bis zum Erſcheinen der zweiten Auflage dieſes Werkchens vollauf beſtätigt gefunden. Der Verf.

No. 34. **Gilia capitata.**
Gilie.

Ein Ziergewächs. Höhe: 15 Ctm. Aussaat: Ins freie Land an Ort und Stelle. Blütezeit: Mai—Juli. Wird zu Beeteinfassungen benutzt.

No. 35. **Gilia tricolor.**
Gilie.

Ein Ziergewächs. Höhe: 15 Ctm. Aussaat: Ins freie Land an Ort und Stelle. Blütezeit: Mai—Juni. Gleich wie vorige zu Einfassungen.

No. 36. **Godetia.**
Godetie.

Die hier in Betracht kommenden Sorten sind alle Ziergewächse, haben meist eine Höhe von 30—40 Ctm. und können gleich ins freie Land an Ort und Stelle gesäet werden. Sie blühen im Sommer und werden für Rabatten benutzt. Schönblühende Sorten sind: G. amoena, Bijon, Duchess of Albany, The Bride, Lady Albernale etc.

No. 37. **Gutierrezia gymnospermoides.**

Ein Ziergewächs. Höhe: 40 Ctm. Aussaat: In Töpfe oder Mistbeet. Blütezeit: August—Oktober.

Wird im Mai ins Freie verpflanzt und verdient wegen seines späten Blühens Beachtung.

No. 38. **Helianthus annuus.**
Sonnenblume.

Ein Oel= und Ziergewächs. Höhe: 1—2 Mtr. Aussaat: Ins freie Land an Ort und Stelle. Blütezeit: Juli—Oktober.

Es giebt verschiedene Spielarten, hohe und niedrige, einfache und gefüllte. Der Anbau der einfachen wird häufig zur Oelgewinnung empfohlen, desungeachtet findet er aber bei uns nur vereinzelt statt, während die Sonnenblume in Rußland in größerem Maßstabe kultiviert und hierzu eine sehr großsamige verwendet wird. Da sich diese Pflanze auch sehr leicht zwischen Hackfrüchten, wie Runkeln, Rüben 2c. mit anbauen läßt und bis zum Herbst blüht, so verdient sie als Bienenpflanze die größte Beachtung. In Gärten wird der gefüllten der Vorzug gegeben und von dieser sollte der Bienenfreund Samen an alle Gartenbesitzer verschenken.

No. 39. Helianthus argophyllus.
Silberblättrige Sonnenblume.

Ein Ziergewächs. Höhe: 1—1½ Mtr. Aussaat: Ins Freie oder in Töpfe und Mistbeet. Blütezeit: Juli bis Oktober.

Trägt silbergraue Blätter und wird in den Gärten deshalb gern als Einzelpflanze oder zu Gruppen benutzt.

No. 40. Helianthus californicus.
Kalifornische Sonnenblume.

Ein Ziergewächs. Höhe: 1—2 Mtr. Aussaat: Ins Freie, Töpfe oder Mistbeet. Blütezeit: Juli—Oktober.

Bringt große, gefüllte und schöne Blumen und ist die schönste der gefüllten Sonnenblumensorten. Man benutzt sie am besten als Einzelpflanze auf Beeten und Rabatten.

No. 41. Iberis odorata.
Schleifenblume.

Ein Ziergewächs. Höhe: 15 Ctm. Aussaat: Ins freie Land an Ort und Stelle. Blütezeit: Juni—August.

Honigt nicht überall gleich gut, kann aber da, wo ergiebig, zu Einfassungen der Beete im Garten benutzt werden und eignet sich auch als leicht anzubauende Zwischenfrucht bei Hackfrüchten.

No. 42. **Impatiens glanduligera.**
Riesenbalsamine.

Ein Ziergewächs. Höhe: 1—1½ Mtr. Aussaat: Im Herbst oder zeitigen Frühjahr ins freie Land an Ort und Stelle. Blütezeit: Juli—Oktober.

Erreicht Manneshöhe, wird von einigen als vorzügliche Honigpflanze gerühmt, von anderen aber wieder verworfen, weil ihr Geruch der Biene zuwider sei. Ist jedenfalls noch näher zu beobachten.

No. 43. **Ipomea purpurea.**
Trichterwinde.

Ein Ziergewächs. Höhe: 2 Mtr. Aussaat: Ins freie Land an Ort und Stelle. Blütezeit: Juni—Oktober.

Ist in manchen Jahren sehr honigreich und wird, weil eine Schlingpflanze, an Mauern, Wänden und Stangen gezogen.

No. 44. **Isatis tinctoria.**
Waid.

Ein Färbegewächs. Aussaat: Im Sommer und Herbst. Blütezeit: Mai—Juni.

Trägt in Gegenden, wo sein Anbau betrieben wird, viel zur Bereicherung der Früh= und Haupttracht bei. Da er eine Nutzpflanze ist, so kann er da, wo im Mai bis Mitte Juni die Tracht noch keine reiche ist, mit Vorteil gebaut werden.

No. 45. **Lallemantia canescens.**
Allmantie.

Ein Ziergewächs. Aussaat: In Töpfe oder Mistbeet. Wird im Mai ins Freie gepflanzt. Blütezeit: Juli bis August.

No. 46. **Lallemantia peltata.**
Allmantie.

Ein Ziergewächs. Aussaat: In Töpfe oder Mistbeet. Wird im Mai ins Freie gepflanzt. Blütezeit: Juli bis August.

No. 47. **Lavatera trimestris.**
Sommerpappel.

Ein Ziergewächs. Höhe: 1 Mtr. Aussaat: Ins freie Land an Ort und Stelle. Blütezeit: Juli—August.

Wegen leichten Gedeihens besonders auch auf dem Felde zwischen Hackfrüchten mit anzubauen. Im Garten bringt man die Pflanze auf die Rabatten und Blumen= beete mehr in die Mitte.

No. 48. **Leonurus cardiaca.**

Ein Ziergewächs. Aussaat: In Töpfe oder Mist= beet. Wird im Mai ins Freie gepflanzt. Blütezeit: Juni—September.

No. 49. **Lobelia Erinus.**
Lobelie.

Ein Ziergewächs. Höhe: 10—15 Ctm. Aussaat: In Töpfe oder Mistbeet. Blütezeit: Juli—Oktober.

Eignet sich ganz besonders zu schönen, schmucken Einfassungen und muß in leichte, sandige Erde ausgesäet werden. Der feine Samen ist bei der Aussaat gar nicht oder nur ganz leise mit Erde zu bedecken. Die jungen

Pflänzchen wachsen in ihrer ersten Jugend sehr langsam und um kräftige Pflanzen heranzuziehen, thut man wohl, wenn man sie ganz klein sehr dicht in andere Töpfe oder Kästen pflanzt, wo sie dann bis Mitte Mai stehen bleiben; alsdann können sie in den Garten verpflanzt werden. Es giebt verschiedene Spielarten; sie alle sind hübsch und reichblühend. Ich selbst sah die Pflanze noch nicht von der Biene aufgesucht, doch zählt sie mit zu den Honigpflanzen.

No. 50. **Lupinus luteus.**
Lupine, Wolfsbohne.

Ein landwirtschaftliches Gewächs. Aussaat: Ins Freie an Ort und Stelle. Blütezeit: Juli—September.

Wird auf Sandboden vielfach zur Gründüngung gezogen und mag da gut honigen; auf schweren Boden habe ich die Lupine als Honigpflanze dagegen nicht als bewährt gefunden.

No. 51. **Malope grandiflora.**
Maloppe.

Ein Ziergewächs. Höhe: $\frac{1}{2}$—1 Mtr. Aussaat: Ins freie Land an Ort und Stelle. Blütezeit: Juli bis Oktober.

Dient zu Rabatten und trägt große rote oder weiße Blumen.

No. 52. **Matthiola bicornis.**
Matthiole.

Ein Ziergewächs. Höhe: 20—30 Ctm. Aussaat: Ins freie Land an Ort und Stelle. Blütezeit: Juni bis September.

Wird im Garten zu Einfassungen benutzt und ist sehr wohlriechend.

No. 53. **Melilotus coeruleus.**
Balsam-, Käse- oder Ziegenklee.

Ein landwirtschaftliches Gewächs. Aussaat: Ins Freie an Ort und Stelle. Blütezeit: Juli—September.

Sehr ergiebige Honigpflanze. Wird zur Bereitung des Kräuterkäses gebaut. Als Futterpflanze sonst nur von geringem Werte. Eignet sich ganz vorzüglich als einzelne Zwischenfrucht unter Runkeln, Rüben ꝛc. Der Bienenwirt sollte diese Pflanze stets selbst auch im Garten mit ansäen und überall zu verbreiten suchen.

No. 54. **Nicotiana rustica.**
Bauerntabak.

Ein technisches Gewächs. Höhe: 70 Ctm. Aussaat: In Töpfe oder Mistbeet. Blütezeit: August—Oktober.

Der Bauerntabak unterscheidet sich von den anderen Tabaksorten am meisten durch seine kurzröhrigen, gelbgefärbten Blüten und wird von der Biene gern aufgesucht, doch auch alle übrigen Tabaksorten werden von derselben beflogen.

Der Samen aller Arten wird im März und April in leichte, lockere Erde gesäet und sind die jungen Pflanzen anfänglich nicht zu feucht zu halten, weil sie bei allzugroßer Nässe gern wurzelfaul werden. Das Auspflanzen erfolgt im Mai und Juni. Wegen der Biene allein verdient der Tabak nicht angepflanzt zu werden, doch gehört er immerhin mit zu den Bienenpflanzen und ist in manchen Gegenden, wo er in Menge gebaut wird, wenn er gerade gut honigt, für die Spättracht sogar wichtig.

No. 55. **Nigella sativa.**
Schwarzkümmel.

Ein Handelsgewächs. Höhe: 50—60 Ctm. Aussaat: Ins Freie an Ort und Stelle. Blütezeit: Juli—August.

Wird der Samengewinnung halber an manchen Orten im großen angebaut und liebt einen milden, unkrautfreien Boden. Die Biene befliegt diese Pflanze sehr stark.

No. 56. **Nigella damascena.**
Braut in Haaren.

Ein Ziergewächs. Höhe: 40 Ctm. Aussaat: Ins freie Land an Ort und Stelle. Blütezeit: Juni bis September.

Für Rabatten.

No. 57. **Nolana grandiflora.**

Ein Ziergewächs. Höhe: 20 Ctm. Aussaat: In Töpfe oder Mistbeet oder auch gleich ins freie Land. Blütezeit: Juli—September.

Zu Einfassungen der Beete zu benutzen.

No. 58. **Nolana lanceolata.**

Ein Ziergewächs. Höhe: 20 Ctm. Aussaat: In Töpfe oder Mistbeet oder auch gleich ins freie Land. Blütezeit: Juli—September.

No. 59. **Ocimum basilicum.**
Basilikum.

Ein Küchengewächs. Höhe: 30 Ctm. Aussaat: In Töpfe oder Mistbeet. Wird nach Mitte Mai ins Freie gepflanzt. Blütezeit: Juni—Oktober.

Verlangt eine warme, sonnige Lage und wird von der Biene sehr fleißig aufgesucht. Es giebt mehrere Formen und Spielarten, von denen die bekanntesten das große und kleine Küchenbasilikum sind.

No. 60. **Oenothera Lamarkiana.**
Nachtkerze.

Ein Ziergewächs. Höhe: 1 Mtr. Aussaat: In Töpfe oder Mistbeet. Blütezeit: Juli—September.

Die Pflanzen, welche sich ziemlich ausbreiten, werden im Mai in eine Entfernung von 30—50 Ctm. ins Freie verpflanzt. Auch noch viele andere Nachtkerzenarten sind von der Biene geliebt, da sie aber meist nur in den späten Nachmittagsstunden ihre meist sehr ansehnliche Blumen öffnen, so sind sie als Bienenpflanzen von unter= geordneter Wichtigkeit.

No. 61. **Origanum Majorana.**
Majoran.

Ein Küchengewächs und offizinelle Pflanze. Höhe: 40 Ctm. Aussaat: Ins Mistbeet oder April und Mai ins freie Land. Blütezeit: August—Oktober.

Der feine Same darf nur schwach mit Erde bedeckt werden und ist bis zum Aufgehen feucht und möglichst schattig zu halten. Das getrocknete Kraut (Mairan) wird bekanntlich unter die Wurst gemischt. Der Imker, der dieses Gewächs auch der Biene halber mitziehen will, thut wohl, wenn er den Majoran schon Mitte März aussäet, die jungen Pflanzen alsdann dicht in Kästen oder ein kaltes Mistbeet pflanzt und selbige nachher im Mai ins Freie verpflanzt. Die so gezogenen Pflanzen blühen früher, reichlicher und länger als später ausgesäete.

No. 62. **Ornithopus sativus.**
Serabella.

Ein Futtergewächs. Aussaat: Ins Freie an Ort und Stelle; im Frühjahr bis Anfang August. Blütezeit: Je nach früher oder später Aussaat: Sommer—Herbst.

Ist für Gegenden mit Sandboden ein gutes Futter=kraut und einträgliche Honigpflanze.

No. 63. Oxalis Valdiviana.
Sauerklee.

Ein Ziergewächs. Höhe: 20 Ctm. Aussaat: In Töpfe oder Mistbeet. Blütezeit: Juli—September.

Wird im Mai ins Freie verpflanzt und dient im Garten zu Einfassungen.

No. 64. Papaver somniferum.
Mohn.

Ein Oel= und Handelsgewächs. Höhe: 80—100 Ctm. Aussaat: Ins freie Land an Ort und Stelle. Blütezeit je nach früher oder später Aussaat: Juni—August.

Da, wo in Menge angebaut, ist er der Biene sehr nützlich. Der Samen ist recht dünn zu säen. Zu dicht stehende werden mit der Hacke entfernt, so daß jede Pflanze von der anderen 20—30 Ctm. Abstand erhält. Der Mohn liebt gutes, nahrhaftes Land und muß von Unkraut rein gehalten werden. In den Gärten zieht man die gefüllten, sehr hübschen Spielarten, welche gleich den obigen recht dünn auszusäen sind.

No. 65. Phacelia congesta.
Phazelie.

Ein Ziergewächs. Höhe: 30 Ctm. Aussaat: Ins freie Land an Ort und Stelle. Blütezeit: Juni bis September.

Für Rabatten.

No. 66. Phacelia tanacetifolia.

Ein Ziergewächs. Aussaat: Ins freie Land an Ort und Stelle. Blütezeit: Juni—September.

Ausgezeichnete Honigpflanze. Stammt aus Kalifornien; es wird behauptet, daß der Honigreichtum genannten Landes von dieser Pflanze stamme. Wächst auch leicht auf dem Felde und läßt sich mit Vorteil zwischen Hackfrüchten bauen. Verdient die Beachtung eines jeden Bienenwirtes.

Für Rabatten.

No. 67. **Pimpinella Anisum.**
Anis.

Ein Handelsgewächs. Höhe: 50 Ctm. Aussaat Ins Freie an Ort und Stelle. Blütezeit: Juli—August.

Verlangt einen milden, guten und unkrautreinen Boden und giebt der Biene reichliche Nahrung.

No. 68. **Polygonum Fagopyrum.**
Buchweizen.

Ein landwirtschaftliches Gewächs. Aussaat: Ins Freie an Ort und Stelle. Blütezeit: Juli—September.

Ist da, wo er gut honigt, eine ausgezeichnete Bienenpflanze.

No. 69. **Polygonum orientale.**
Knöterich.

Ein Ziergewächs. Höhe: 1—2 Mtr. Aussaat: Ins freie Land an Ort und Stelle. Blütezeit: Juli bis August.

Ist als Einzelpflanze zu benutzen oder wird einzeln zerstreut auf Beete und Rabatten gesäet.

No. 70. **Reseda luteola.**
Wau.

Ein Färbegewächs. Höhe: 60—80 Ctm. Aussaat: Im Sommer, Herbst und Frühjahr ins Freie an Ort und Stelle. Blütezeit: Juli—Oktober.

Gedeiht überall, selbst auch auf steinigem Boden und eignet sich besonders zum Verwildern auf Eisenbahn= und Uferdämmen und vielen andern nicht oder schlecht benutzten Stellen.

No. 71. **Reseda odorata.**
Wohlriechende Reseda.

Ein Ziergewächs. Höhe: 20—30 Ctm. Aussaat: Im Herbst oder Frühjahr ins freie Land an Ort und Stelle. Blütezeit: Juni—Oktober.

Diese beliebte Gartenblume, welche der Biene den ganzen Sommer und Herbst Nahrung giebt, sollte der Bienenwirt in allen Gärten zu verbreiten suchen, zumal sie sich durch Ausfallen des Samens alljährlich weiter fortpflanzt und so jedem Garten auf Jahre hinaus erhalten bleibt. Im Garten dulde man einzelne Pflanzen davon auch auf den Gemüsebeeten, und auf dem Felde streue man sie dünn mit zwischen Runkeln, Kraut und Rüben. So im kleinen nach allen Seiten hin verbreitet, kann die Reseda der Spättracht ungemein günstig werden.

No. 72. **Rhaphanus saphanistrum.**
Ackerhederich.

Wenngleich ein Unkraut und deshalb zum Anbau weniger geeignet, so ist selbiges doch für manche Gegend eine Hauptbienenpflanze und darf aus diesem Grunde hier nicht ungenannt bleiben.

No. 73. **Salvia coccinea.**
Scharlachsalbei.

Ein Ziergewächs. Höhe: 50 Ctm. Aussaat: In Töpfe oder Mistbeet. Wird im Mai ins freie Land gepflanzt. Blütezeit: Juni—Oktober.

Blüht schön scharlachrot und paßt für Gruppen und Rabatten.

No. 74. **Salvia farinacea.**
Schmalblättrige Salbei.

Ein Ziergewächs. Höhe: 60—90 Ctm. Aussaat: In Töpfe oder Mistbeet. Blütezeit: Juni—Oktober.

Wird im Mai ins Freie verpflanzt und ist eine Rabattenblume.

No. 75. **Salvia Horminium.**
Aehrensalbei.

Ein Ziergewächs. Höhe: 40 Ctm. Aussaat: In Töpfe oder Mistbeet oder Anfang Mai auch ins freie Land, an Ort und Stelle. Blütezeit: Juni—Oktober.

Für Rabatten.

No. 76. **Sanvitalia procumbens.**
Sanvitalie.

Ein Ziergewächs Höhe: 10—15 Ctm. Aussaat: In Töpfe oder Mistbeet. Blütezeit: Juli—Oktober.

Wird im Mai ins Freie gepflanzt und wächst niedrig und ausgebreitet und kann zu Einfassungen benutzt werden.

No. 77. **Scabiosa major.**
Scabiose.

Ein Ziergewächs. Höhe: 50—90 Ctm. Aussaat: In Töpfe oder Mistbeet. Blütezeit: Juli—Oktober.

Hübsche Rabattenblume von vielerlei Färbungen, welche im Mai ins Freie gepflanzt wird.

No. 78. **Syclos angulata.**
Haargurke.

Ein Schlinggewächs. Höhe: 5 Mtr. und darüber. Aussaat: Ins freie Land an Ort und Stelle. Blütezeit: Juli—Oktober.

Wird von der Bine viel besucht und eignet sich besonders zur Bekleidung von Lauben, Wänden, Spalieren ꝛc. Säet sich später von selbst aus und verdient wegen ihres späten, reichen und langen Blühens alle Beachtung.

No. 79. **Sinapis alba.**
Senf.

Ein Handelsgewächs. Höhe: 50—80 Ctm. Aussaat: Ins Freie an Ort und Stelle. Blütezeit: Juni—Juli.

Wird vielfach auch im Gemenge mit Hafer und Erbsen in die Roggenstoppeln zur Futtergewinnung für Rindvieh gesäet und gelangt so noch im Herbst zur Blüte. Sollte da, wo sie gut honigt, überall einzeln mit auf die Kraut= und Rübenfelder gestreut werden.

No. 80. **Trifolium agrarium.**
Goldfarbiger Ackerklee.

Ein Futtergewächs. Aussaat: Im Herbst und Frühjahr ins Freie. Blütezeit: Juli—Oktober.

Ist bei Anlagen von Wiesen mit unter den Gras= samen zu mischen, trägt hier zur Erhöhung des Futter= ertrages bei und giebt auch der Biene einige Nahrung.

No. 81. **Trigonella foenum graecum.**
Siebenzeiten.

Ein Handelsgewächs. Aussaat: Ins Freie an Ort und Stelle. Blütezeit: Juli—August.

Wird der Samengewinnung halber hier und da im großen gebaut und giebt dann der Biene in der Spät= tracht viel Nahrung.

No. 82. **Viola Faba.**
Puffbohne.

Ein landwirtschaftliches Gewächs. Aussaat: Ins

Freie an Ort und Stelle. Blütezeit: Je nach früher oder später Aussaat, Juni—Oktober.

Die verschiedenen Formen davon können für sich allein oder auch im Gemenge mit Hafer und Wicken gebaut werden. In manchen Jahren sehr honigreich, in anderen wieder gar nicht.

No. 83. Vicia sativa.
Wicke.

Ein landwirtschaftliches Gewächs. Aussaat: Ins Freie an Ort und Stelle. Blütezeit: Juli—September.

Wird meist im Gemenge mit Hafer und Puffbohnen gebaut und ist in manchen Gegenden fast die einzige Pflanzensorte, welche der Biene im Spätsommer noch nennenswerte Nahrung liefert.

No. 84. Whitlavia grandiflora.
Whitlavie.

Ein Ziergewächs. Höhe: 30 Ctm. Aussaat: Ins freie Land an Ort und Stelle. Blütezeit: Juni.

Für Rabatten.

No. 85. Xeranthemum annuum.
Papierblume.

Ein Ziergewächs. Höhe: 50—60 Ctm. Aussaat: In Töpfe oder sogleich ins freie Land an Ort und Stelle. Blütezeit: Juni—Oktober.

Für Rabatten. Die immortellenartigen, unverwelklichen Blumen eignen sich für getrocknete Bouquets.

B. Ausdauernde oder perennierende Gewächse.

Diese Pflanzen blühen gewöhnlich erst im zweiten Jahre nach der Aussaat und ihr Same keimt meist auch langsamer als der einjähriger Gewächse. Die Aussaaten erfordern deshalb zum Teil eine große Aufmerksamkeit und müssen bis zum Aufgehen regelmäßig feucht gehalten werden. Sie können das ganze Jahr über zur Aussaat gelangen, doch säe man in der Regel nicht später als Juni, damit die jungen Pflanzen das erste Jahr sich hinlänglich kräftigen können. Herbstaussaaten sind vielfach anzuraten und geht von diesen der Same gewöhnlich im nächstfolgenden Frühjahr auf. Wenn man die Aussaaten in Töpfe macht, so ist auf eine gute leichte, etwas sandige Erde Bedacht zu nehmen, da schwere bündige das Keimen oftmals sehr verzögert und auch der ferneren Entwickelung nicht günstig ist. Die jungen Samenpflanzen bleiben bis zur Verpflanzung an ihren künftigen Standort zum Teil in Töpfen oder werden, wenn sie langsam- und zartwüchsig sind, vor ihrer Auspflanzung ins Freie erst ziemlich dicht in andere Töpfe gepflanzt, wodurch eine größere Kräftigung der Pflanzen erzielt wird. Will man die Aussaat der feineren Sorten statt in Töpfen im freien Lande vornehmen, so wähle man hierzu ein mehr schattiges als sonniges Beet, und um das Austrocknen zu verhüten, bedecke man dasselbe leicht mit klarer Lauberde, gut verwestem, klaren Dünger oder anderem leichten Material. Gröbere Sorten, wie Futtergewächse, werden bekanntlich gleich aufs Feld gesäet, bedürfen aber ebenfalls eines leichten Schutzes, weshalb sie mit unter das Getreide gesäet werden, welches sie in ihrem ersten Wachstum gegen das Austrocknen schützt.

Viele der ausbauernden Honiggewächse erreichen ein hohes Alter und können so auf Jahrzehnte hinaus zur Bereicherung der Bienenweide beitragen. Sie werden später durch Teilung vermehrt und auf diese Weise weiter verbreitet.

No. 86. Aconitum Napellus.
Eisenhut.

Ein Ziergewächs und wichtige Arzneipflanze. Höhe: Je nach Standort 1—2 Mtr. Blütezeit: Juni—Juli. Aussaat: In Töpfe. Aeltere Pflanzen lassen sich auch leicht durch Teilung vermehren.

Der Eisenhut ist sonst noch ein Giftgewächs; doch die Biene sammelt auch von Giftpflanzen Honig und wenn solche Gewächse nicht in Menge vorkommen, so scheint der Genuß des Honigs von dergleichen Pflanzen den Menschen nicht nachteilig zu sein. Bekannt ist aber der Fall, daß die Soldaten eines Heerführers in Italien durch den Genuß giftigen Honigs erkrankten und es ist vielleicht möglich, daß jener Honig von Aconitum Napellus herrührte, da diese Pflanze im südlichen Europa häufig wildwachsend gefunden werden soll.

No. 87. Adonis vernalis.
Frühlings-Adonisröschen.

Ein Ziergewächs. Höhe: 30 Ctm. Aussaat: Im Sommer und Herbst ins freie Land. Blütezeit: April bis Mai.

Diese schöne Frühlingsblume wächst auf Kalkbergen wild und liebt im Garten mehr einen trockenen als feuchten Standort. Sie läßt sich an Eisenbahndämmen und anderen trockenen Stellen leicht verwildern, ist von langer Lebensdauer und kann auch durch Teilung der Pflanzen vermehrt werden.

No. 88. **Ajuga piramidalis.**
Günsel.

Ein Ziergewächs. Höhe: 30 Ctm. Blütezeit: Sommer. Aussaat: In Töpfe oder auch gleich ins freie Land.

Wird in manchen Gegenden von der Biene viel beflogen.

No. 89. **Althaea rosea.**
Malve oder Stockrose.

Ein Ziergewächs, sonst auch offizinell und auch zu technischen Zwecken benutzt. Aussaat: In Töpfe, kalte Glasbeete oder auch von Ende April bis Juli ins freie Land. Blütezeit: Juli—Oktober.

Von dieser Pflanze giebt es eine Menge Varietäten, doch die beste für die Bienenzucht ist die schwarzblumige, welche sonst auch nur allein in den Apotheken gebräuchlich ist und vielfach zum Färben von Weinen, Liqueuren und dergleichen benutzt wird. Die aus Samen gezogenen Pflanzen blühen im zweiten Jahre nach ihrer Aussaat. Man pflanzt sie auf Beete, so daß jede Pflanze 30 bis 50 Ctm. Abstand von der anderen erhält. Da die Pflanzen oft 2—4 Mtr. hoch werden, so muß man dieselben mit Pfählen versehen und an diese anbinden, damit sie der Wind nicht umbricht. Da, wo die Malve gut honigt, ist ihr Anbau wegen der langen Blütezeit sehr anzuempfehlen; sie bringt auch mehrfachen Gewinn, weil die Blumen an Droguenhandlungen, der Same an Handelsgärtnereien Absatz finden.

No. 90. **Anchusa azurea.**
Ochsenzunge.

Ein Ziergewächs. Höhe: 60—100 Ctm. Aussaat: In Töpfe, Mistbeet oder auch von Mai bis August ins freie Land. Blütezeit: Mai—Juli, vielfach auch bis zum Oktober.

Diese, sowie die nachfolgenden Sorten angustifolia, capensis, incarnata, italica, paniculata und undulata sind sämtlich ganz vorzügliche Honigpflanzen, oftmals nur zweijährig und blühen bei einer frühen Aussaat schon im ersten Jahre. Sie gedeihen leicht und lassen sich mit Vorteil auch zwischen Hackfrüchten anbauen. Der Bienenfreund sollte dieselben überall in den Blumen=gärten zu verbreiten suchen.

No. 91. **Anemone sylvestris.**
Wald-Anemone, Windröschen.

Wird in den Gärten als Zierpflanze gezogen und kommt in manchen Gegenden Deutschlands, namentlich an sonnigen Walbrändern, häufig wild vor und trägt oft zu einer guten Frühtracht bei. Höhe: 20—40 Ctm. Blütezeit: Mai. Aussaat: In Töpfe oder ins freie Land in leichte, sandige Erde. Sonstige Vermehrungsweise noch durch Teilung älterer Pflanzen.

Diese Pflanze liefert in einigen Gegenden die Haupt=frühlingstracht und da sie meist an unbenutzt liegenden Orten wild wächst, so sollte der Bienenfreund sie an dergleichen Stellen recht viel zu verbreiten suchen. Am einfachsten verfährt er hier, wenn er wilde Pflanzen, welche meist sehr dicht und in Gesellschaft vorkommen, aushebt und an leere Stellen verpflanzt.

No. 92. Aquilegia vulgaris.
Akelei.

Ein Ziergewächs. Höhe: 60 Ctm. Aussaat: In Töpfe; der Same ist bis zum Aufgehen stets recht feucht zu halten. Blütezeit: Mai—Juli.

Man hat davon viele Spielarten, welche meist sehr schön sind und auch leicht gedeihen; doch mag wohl der Akelei als Bienenpflanze nur einen geringeren Wert haben.

No. 93. Arabis alpina.
Gänsekraut.

Ein Ziergewächs. Höhe: 15 Ctm. Aussaat: In Töpfe, wird auch sonst durch Teilung der alten Pflanzen vermehrt. Blütezeit: März—Mai.

Eignet sich gut zu Einfassungen, liebt mehr trockene als feuchte Stellen und ist besonders für Friedhöfe geeignet. Gedeiht auch auf Mauern und ist wegen seines frühen und langen Blühens beachtenswert.

No. 94. Alisma Plantago.
Froschlöffel.

Eine Sumpf= oder Wasserpflanze. Höhe: 50 Ctm. Aussaat: Im Sommer und Herbst. Blütezeit: Juli bis September.

Will man diese Pflanze aus Samen vermehren, so säet man ihn an die Ufer der Teiche und Bäche, drückt denselben fest in den Boden und bedeckt ihn mit Erde. Man muß hier darauf achten, daß der Same fort=während feucht liegt und doch auch nicht vom Wasser fortgeschwemmt werde; als Aussaatstellen wählt man des=halb Plätze im Bache, welche vom Wasser durchdrungen, von dessen Lauf aber weniger abhängig sind; dergleichen Stellen finden sich an allen Bächen. Der Same keimt erst im nächsten Jahre. Die jungen Pflanzen bleiben ein Jahr lang unverpflanzt stehen, alsdann pflanzt man sie am Rande der Ufer und Teiche entlang und zwar so nah als möglich an das Wasser. Schneller kommt man aber zum Ziele, wenn man schon ältere Pflanzen aus entfernteren Gegenden sammelt und diese an die Ufer in die Nähe der Ortschaften bringt.

No. 95. **Artemisia Absinthium.**
Wermut.

Dieses Gewächs dient zwar der Biene nicht zur Nahrung, sondern wird von ihr gefürchtet und soll dieserhalb hier nicht ungenannt bleiben. Viele Bienenwirte bedienen sich des stark- und übelriechenden Krautes, um damit die Bienen in eine andere Wohnung zu treiben, so zum Beispiel, wenn ein niedergelassener Schwarm in eine solche gebracht werden soll. Man nimmt hierzu das in Stengel getriebene und blühende Kraut und kehrt damit gleich einem Besen die Bienen in die neuen Wohnungen.

Die Aussaat erfolgt im Frühjahr in Töpfe oder ins freie Land in leichte, lockere Erde und pflanzt man die Pflanzen später an den bestimmten Standort. Der Wermut blüht dann im zweiten Jahre. Er gedeiht leicht, liebt einen mehr trockenen als feuchten Standort und dauert meist viele Jahre.

No. 96. **Asclepias syriaca.**
Seidenpflanze.

Ein Zier- und Gespinnstgewächs. Höhe: 1 Mtr. und darüber. Aussaat: In Töpfe, am besten im Herbst. Die jungen Pflanzen bringt man dann auf ein Gartenbeet, wo dieselben zwei Jahre stehen bleiben; erst wenn sie gehörig erstarkt sind, werden sie in den Garten an die bestimmte Stelle gepflanzt. Blütezeit: Juli—September, bisweilen auch Oktober.

Die Seidenpflanze ist ein ausgezeichnetes Honiggewächs und einmal angepflanzt, erhält sie sich Jahrzehnte lang an ihrem Standorte. Dazu fällt ihre Blüte in den Hochsommer und Herbst, in eine für die Bienenweide bekanntlich sehr ärmliche Zeit. Sie gedeiht aber nicht nur in Gärten, Anlagen, auf Friedhöfen und dergleichen Orten, sondern kann auch an Abhängen, Eisenbahndämmen und anderen Stellen angebaut werden. Ihre Stengel liefern sonst auch noch eine sehr haltbare Faser, welche in südlichen Ländern hoch geschätzt wird.

Außer der A. syriaca werden in den Gärten noch verschiedene Arten kultiviert, wie z. B. A. incarnata, phytolacoides, princeps, Rodigasi u. s. w., welche sämtlich gute Honigpflanzen sind.

No. 97. Aubrietia columnae.
Aubriezie.

Ein Ziergewächs. Höhe: 10 Ctm. Aussaat: In Töpfe. Die jungen Pflanzen werden dann auf ein Gartenbeet gepflanzt und kommen, wenn sie hier erstarkt sind, auf die für sie bestimmten Stellen. Blütezeit: April bis Mai.

Diese Pflanze, welche sich auch leicht durch Teilung alter Pflanzen vermehren läßt, wächst niedrig, auf dem Boden ausgebreitet und eignet sich deshalb zur Einfassung der Wege, Beete u. s. w.

Außer dieser sind es noch A. croatica, deltoidea, Eyrii, graeca, Hendersoni und noch verschiedene andere, welche alle im Frühjahr blühen und von der Biene aufgesucht werden.

No. 98. **Anthyllis Vulneraria.**
Wundklee, Tannenklee.

Ein Futtergewächs, namentlich für sandige Gegenden. Höhe: Je nach Bodenbeschaffenheit ½ bis 1 M. Blütezeit: Sommer. Aussaat: Ins freie Land an Ort und Stelle.

Um das Aufgehen des Samens sicherer herbeizuführen und die jungen Pflanzen in ihrer ersten Jugend gegen das Austrocknen bei heißer Witterung zu schützen, säet man mit dem Kleesamen gleichzeitig noch eine andere Pflanzensorte als Deck- oder Schutzfrucht. Man benutzt hierzu meistenteils eine Getreideart, wie Hafer, Gerste, Sommerroggen u. s. w.

No. 99. **Ballota nigra.**
Schwarze Nessel.

Ein Unkraut. Höhe: 50 Ctm. Aussaat: Im Herbst und Frühjahr an einer schattigen Stelle. Blütezeit: Juli bis Oktober.

Wächst im wilden Zustande auf Schuttboden, unbebauten Orten, an Hecken und Zäunen. Will man sie verbreiten, so kann sie an dergleichen Stellen untergebracht werden.

No. 100. **Barbara vulgaris.**
Barbenkraut.

Ein Unkraut, von welchem eine buntblättrige Spielart auch als Zierpflanze in den Gärten gezogen wird. Höhe 50 Ctm. Blütezeit: April bis Juni.

Ist meist nur zweijährig und liebt im Naturzustande

feuchte Stellen. Will man zur Verbreitung dieser Pflanze beitragen, so kann man den Samen an Teich- und Flußufer, Kiesbänke, Weidengebüsch und andere feuchte Orte aussäen. Die Aussaat geschieht im Herbst und Frühjahr.

No. 101. **Bryonia alba.**
Gichtrübe.

Ein Schlinggewächs mit rübenartiger Wurzel, welche in der Apotheke gebräuchlich ist. Höhe: 5 Mtr. und darüber. Aussaat: Im Herbst und Frühjahr im Garten, wo die jungen Pflanzen ein Jahr lang stehen bleiben; alsdann pflanzt man diese in Hecken und Zäune, an Mauern und Wände. Blütezeit: Juni bis August, oft auch September.

Kann wegen leichten Gedeihens überall angepflanzt werden und hat eine sehr lange Lebensdauer.

No. 102. **Campanula Medium.**
Glockenblume.

Ein Ziergewächs, meist nur zweijährig. Höhe: 50 Ctm. Aussaat: In Töpfe oder gleich ins freie Land. Blütezeit: Juni bis Juli.

No. 103. **Campanula piramidalis.**
Pyramiden-Glockenblume.

Ein Ziergewächs. Höhe: 1 Mtr. Aussaat: In Töpfe. Blütezeit: Juni—September.

Beide sind hübsche Rabattenblumen und können durch Verschenken von Samen und Pflanzen verbreitet werden.

No. 104. **Chelone barbata.**
Schildblume.

Ein Ziergewächs. Höhe: 1 Mtr. Aussaat: In Töpfe. Blütezeit: Juni—September.

Blüht schön scharlachrot und läßt sich auch durch Teilung der alten Pflanzen vermehren. Für Rabatten.

No. 105. Digitalis purpurea.
Fingerhut.

Ein Zier= und Arzneigewächs. Höhe: 1 Mtr. Aussaat: In Töpfe oder ins freie Land. Blütezeit: Juni bis August.

Der Fingerhut zählt mit zu den einheimischen Giftgewächsen, wird jedoch von der Biene mit aufgesucht. Sein Honigsaft scheint nicht giftig zu sein; da wir aber genug andere Honigpflanzen haben, so wird sein Anbau füglich unterbleiben können. Digitalis acutiloba, ferruginea, lanata, lutea u. s. w. werden gleichfalls von der Biene beachtet.

No. 106. Dracocephalum altaiense.
Drachenkopf.

Ein Ziergewächs. Höhe: 1 Mtr. Aussaat: In Töpfe. Blütezeit: Juni—August.

Außer vorstehendem sind noch verschiedene andere ausdauernde Drachenkopfarten honigend, wie D. argunense, grandiflorum u. s. w.

No. 107. Epilobium angustifolium.
Weidenröschen.

Ein Ziergewächs, welches in Deutschland wild wächst. Höhe: 1 Mtr. Aussaat: In Töpfe oder ins freie Land. Blütezeit: Juni—August.

Eignet sich besonders zum Verwildern an Eisenbahndämmen 2c. und ist oftmals nur zweijährig.

No. 108. Echium vulgare.
Gemeiner Natterkopf.

Diese vorzügliche Honigpflanze wächst an steinigen

und wüsten Orten wild und ist nur zweijährig. Höhe: 50—100 Ctm. Aussaat: Ins freie Land an Ort und Stelle. Blütezeit: Juli—September, oftmals Oktober.

Läßt sich überall an unbebauten Orten leicht ansäen und verwildern, wie z. B. an Wegerändern, Eisenbahndämmen, alten Steinbrüchen, Kiesbänken und vielen anderen Stellen und ist wegen seines späten Blühens wichtig. Hat man den Natterkopf an einer Stelle angesiedelt, so kann man den Samen davon alljährlich sammeln und am besten gleich im Herbst ansäen; es muß jedoch Sorge getragen werden, daß derselbe auch in die Erde kommt.

No. 109. **Hedysarum coronarium.**
Kronenklee.

Ein Ziergewächs. Höhe: 50 Ctm. Aussaat: In Töpfe oder auch ins freie Land. Blütezeit: Juni bis August.

Dieser Zierklee ist eine hübsche Rabattenpflanze und deshalb in den Gärten zu verbreiten.

No. 110. **Hedysarum Onobrychis.**
Esparsette-Klee.

Ein Futtergewächs. Höhe: 50 Ctm. Aussaat: Ins Freie. Blütezeit: Juni—Juli.

Eine der wichtigsten Honigpflanzen, welche leider mitten in der Blütezeit zur Kleeheugewinnung abgemäht wird, so daß seine Honigquelle für die Biene plötzlich versiegt. Läßt man die Esparsette aber zur Samengewinnung stehen, so blüht sie um zwei bis drei Wochen länger. Der Bienenwirt muß ihren Samenbau deshalb so viel als möglich zu befördern suchen oder selbst mit in die Hand nehmen. Von diesem Klee gelangt der zweite Schnitt, welcher das Grummetfutter liefert, nicht wieder zum Blühen; doch giebt es auch eine Spielart, die zweischürige Esparsette H. Onobrychis biferum, von welcher auch der zweite Schnitt nochmals zur Blüte gelangt; diese fällt dann meist in den September und giebt der Biene reichliche Nahrung. Um den zweiten Schnitt zur sichern Blütenentfaltung zu bringen, muß mit dem ersten möglichst früh begonnen werden.

⚹ Der Bienenfreund suche sonst noch den Esparsetten= klee zu verwildern, wie z. B. an Chaussee= und Wege= ränder, Hohlwege, Steinbrüche, Abhänge u. s. w.

No. 111. **Helianthus multiflorus.**
Perennierende Sonnenblume.

Ein Ziergewächs, von welchem man in den Gärten nur die gefüllte Spielart zieht, welche keinen Samen trägt. Höhe: 1½ Mtr. Die Fortpflanzung geschieht deshalb durch Teilung der Pflanzen. Blütezeit: Juli bis Oktober.

No. 112. **Helleborus foeditus.**
Stinkende Nießwurz.

Wächst hier und da wild und ist wegen seines statt= lichen Wuchses mit unter die Ziergewächse aufgenommen worden. Höhe: 50 Ctm. Aussaat: Am besten im Herbst an eine schattige Stelle im freien Lande. Blütezeit: März bis April.

Liebt etwas Schatten und gedeiht auch unter lichtem Gebüsch, so daß man die Pflanze auch in Hecken, an dünn bewaldeten Bergabhängen und dergleichen Orten ziehen kann. In Gärten wächst sie selbst noch in einem schattigen

Winkel, wie auch unter Stachelbeersträuchern und kann selbst in Parkanlagen zwischen die Sträucher kommen. Sie blüht, bevor sich diese neu belauben und hilft zur Bereicherung der ersten Frühtracht.

No. 113. **Hyssopus officinalis.**
Ysop.

Ein Küchenkraut und Arzneigewächs. Höhe: 30 Ctm. Aussaat: In Töpfe, kaltes Mistbeet oder auch ins freie Land. Blütezeit: Juli—September.

Der Ysop ist da, wo er gut honigt, eine der besten Honigpflanzen; er gedeiht sonst überall leicht, sowohl im Garten als auf dem Felde, selbst auf einer trockenen Mauer, auf Felsen und Bergabhängen 2c. Im Garten benutzt man ihn gern zu Einfassungen. Er trägt hier reichlich Samen, welcher an Samenhandlungen Absatz finden kann.

No. 114. **Lamium album.**
Weiße Taubennessel, Bienensaug.

Ein Unkraut. Höhe: 50 Ctm. Aussaat: In Töpfe oder ins freie Land. Blütezeit: Mai—Juni.

Wächst in Hecken, an Zäunen und unbebauten Orten wild und ist eine vorzügliche Honigpflanze. Der Bienenfreund kann diese Pflanze daselbst in Schutz nehmen und noch weiter zu verbreiten suchen.

No. 115. **Lavatera thuringiaca.**
Wilde Roßpappel.

Ziergewächs, welches hier und da in Berggegenden wild wächst. Höhe: 1 Mtr. Aussaat: In Töpfe oder ins freie Land. Blütezeit: Juli—September.

In den Gärten bringt man diese Pflanze gern auf

die Enden der Rabatten oder auch an die äußeren Ränder der Strauchpartien. In der freien Natur aber kann man sie an Wegerändern, Bergabhängen und vielen anderen mehr oder weniger benutzten Stellen anbringen. Sie blüht reichlich und längere Zeit und ist deshalb zu empfehlen.

No. 116. Lavendula vera.
Lavendel oder Spike.

Ein Küchenkraut und Arzneigewächs, welches sonst auch noch zum Räuchern 2c. benutzt wird. Aussaat: In Töpfe oder im Mai ins freie Land. Blütezeit: Juli bis August.

In den Gärten zieht man diese Pflanze gern zu Einfassungen der Beete und Wege; hier liebt sie einen mehr trockenen als feuchten Standort.

An einigen Orten Deutschlands baut man den Lavendel auch auf dem Felde im Großen und giebt ihm auch hier einen ihm zusagenden Standort, wie Bergabhänge und dergleichen.

No. 117. Leontodon taraxacum.
Löwenzahn.

Ein Unkraut, welches jedoch auch in den Gärten als Salat kultiviert wird. Höhe: 30 Ctm. Aussaat: Ins freie Land. Blütezeit: Mai—August.

Der Löwenzahn, welcher häufig auf Wiesen und Kleefeldern vorkommt und daselbst nicht gern gesehen wird, dient wohl der Biene mit zur Nahrung; mag jedoch nicht anbauungswert sein, es sei denn, daß man ihn des Salates halber zieht.

No. 118. Linaria linifolia.
Leinkraut.

Ein Ziergewächs. Höhe: 50 Ctm. Aussaat: In Töpfe. Blütezeit: Juni—September.

Sehr reich= und lange blühend, zumal wenn die verblühten Zweige abgeschnitten werden und die Pflanze zum Austreiben neuer Schößlinge gereizt wird. Für Rabatten.

No. 119. Lunaria biennis.
Mondviole.

Ein Ziergewächs. Höhe: 50 Ctm. Aussaat: In Töpfe. Blütezeit: Mai—Juni.

Ist meist nur zweijährig und eine hübsche Rabatten=pflanze.

No. 120. Lychnis Flos cuculi.
Kuckuckslichtnelke.

Eine Wiesenblume, welche bisweilen auch in den Gärten als Ziergewächs gezogen wird. Höhe: 50 Ctm. Aussaat: In Töpfe oder ins freie Land. Blütezeit: Juni.

Paßt zum Verwildern auf Holzschlägen. In den Gärten wird meist nur eine gefüllte Abart gezogen.

No. 121. Lychnis Viscaria.
Pechnelke.

Ein einheimisches Ziergewächs. Höhe: 50 Ctm. Aussaat: In Töpfe oder ins freie Land. Blütezeit: Juni.

Auch von dieser giebt es eine gefüllte Abart, doch ist die einfachblühende für die Biene wertvoller und eignet sich diese gleichfalls zur Verwilderung auf Holzschlägen.

No. 122. Lythrum Salicaria gracilis.
Weidrich.

Ein Ziergewächs. Aussaat: In Töpfe. Blütezeit: Juli—September.

Die Stammform, welche in Deutschland wild wächst und sonst auch offizinell ist, mag wohl ebenfalls von der Biene aufgesucht werden.

No. 123. **Malva moschata.**
Bisam-Käsepappel.

Ein Ziergewächs. Höhe: 1 Mtr. Aussaat: In Töpfe. Blütezeit: Juli—August.

Im Garten bringt man diese Pflanze an solche Stellen, wo sie weniger geniert.

No. 124. **Marrubium vulgare.**
Andorn.

Eine offizinelle Pflanze, welche bei uns in Hecken und Zäunen und auf Schuttboden vorkommt. Höhe: 50 bis 80 Ctm. Blütezeit: Juli—August.

An geeigneten Stellen kann man diese Pflanze der Biene halber in Schutz nehmen und zu verbreiten suchen.

No. 125. **Medicago sativa.**
Luzerneklee.

Ein Futtergewächs. Aussaat: Ins Freie. Wird gewöhnlich mit unter das Sommergetreide gesäet, während jedoch auf gutem Lande eine Reinsaat zweckmäßiger ist. Blütezeit: Juli—Oktober.

Er steht der Esparsette an Honigreichtum nach, hat aber, wenn zur Samengewinnung gebaut, eine viel längere Blütezeit als diese; ist von langer Lebensdauer und eignet sich auch zum Verwildern auf Holzblößen, an Bergabhängen und vielen andern Orten.

No. 126. **Melilotus alba altissima.**
Riesenhonigklee.

Ein Futtergewächs. Höhe: 1—2 Mtr. Aussaat: Ins Freie. Blütezeit: Juli—Oktober.

Hat als Futterpflanze nur geringen Wert, ist aber eine der ergiebigsten Honigpflanzen und wegen leichten

Gedeihens beachtenswert. Der Bienenwirt kann ihn getrost der Bienen halber schon allein anbauen; außerdem giebt er noch einen Ertrag an Samen, welcher an die Samenhandlungen verkauft werden kann. Der Riesen=honigklee läßt sich leicht überall verwildern, welche Eigen=schaft der Bienenfreund gar wohl benutzen sollte.

No. 127. Melilotus officinalis.
Gelber Stein- oder Melilotenklee.

Ein Futtergewächs und auch offizinell. Höhe: 30 bis 100 Ctm. Aussaat: Ins Freie. Blütezeit: Juli bis Oktober.

Als Futterpflanze gleichfalls nur von geringem Wert, sonst aber ebenfalls eine gute Honigpflanze. Es giebt davon verschiedene Arten, von welchen bei uns der Riesenmelilotenklee der beste ist. Er kann, um Samen zu gewinnen, mit angebaut werden und eignet sich gleich=falls zum Verwildern an allerlei unbenutzten Stellen.

No. 128. Melissa officinalis.
Melisse, Citronenmelisse.

Ein Küchenkraut und auch offizinell. Höhe: 40 bis 60 Ctm. Aussaat: In Töpfe, kaltes Mistbeet oder ins freie Land.

Kann im Garten zu Einfassungen benutzt werden. Manche Imker gebrauchen von dieser Pflanze auch das Kraut, um das Innere der neuen Bienenwohnungen mit demselben abzureiben.

No. 129. Michauxia campaneloides.
Michauxie.

Ein Ziergewächs, welches meist nur zweijährig ist. Höhe: 1—2 Meter. Aussaat: In Töpfe. Blütezeit: Juli—September.

Wächst hoch und ist recht hübsch. Man pflanzt sie an abgelegene Stellen des Gartens, an Spaliere oder in die Mitte der Rabatten.

No. 180. **Monarde dydima.**
Monarde oder Gartenhahn.

Ein Ziergewächs und auch offizinelle Pflanze. Höhe: 80—100 Ctm. Aussaat: In Töpfe. Kann sonst auch leicht durch Teilung älterer Pflanzen vermehrt werden. Blütezeit: Juli—September.

No. 181. **Myosotis alpestris.**
Alpen-Vergißmeinnicht.

Ein Ziergewächs. Meist nur zweijährig. Höhe: 10—30 Ctm. Aussaat: In Töpfe. Bis zum Aufgehen feucht und schattig zu halten. Blütezeit: Mai—Juni.

Giebt hübsche Einfassungen und eignet sich besonders auch für Friedhöfe.

No. 132. **Myosotis sylvatica.**
Wald-Vergißmeinnicht.

Ein Futterkraut. Höhe: 30 Ctm. Aussaat: Ins freie Land an Ort und Stelle. Blütezeit: Juni—Juli. Dient zum Verwildern auf Holzschlägen.

No. 183. **Nepeta Cataria.**
Katzenmünze.

Ein Zier- und offizinelles Gewächs. Aussaat: In Töpfe oder ins freie Land. Ist oftmals nur zweijährig. Blütezeit: Juli—Oktober.

Wächst hier und da wild und wird von der Biene außerordentlich fleißig aufgesucht. Bei einer Aussaat im März oder April blüht sie schon im ersten Jahre und solche aus Samen gezogene Pflanzen nicht selten bis in den November. Alte, überwinterte Pflanzen blühen meist nur im Juli und August, so daß man, wenn späterblühende erzielt werden sollen, alljährlich eine Frühjahrsaussaat vornehmen muß. Die Katzenmünze wächst überall schnell und läßt sich sehr leicht verwildern, namentlich aber liebt sie Schuttboden. In Gärten zumal gedeiht sie vortrefflich und erwirbt sich hier die Gunst ihres aromatischen Geruches wegen, so daß sie der Bienenfreund ohne Mühe verbreiten könnte.

Empfehlenswert sind ferner noch Nepeta grandiflora, nuda und macrantha, welche sämtlich von längerer Lebensdauer als N. Cataria sind.

No. 134. Onopordon Acanthium.
Eselsdistel.

Eine offizinelle Pflanze und Ziergewächs. Höhe: 1—1½ Mtr. Aussaat: In Töpfe oder ins freie Land. Blütezeit: Juli—August.

Diese und auch noch einige andere Sorten, wie O. graecum, illyricum, tauricum u. s. w. werden ihrer silbergrauen Belaubung wegen in den Gärten als Einzelpflanzen gezogen. O. Acanthium gedeiht überall an steinigen Orten und kann daher an Steinbrüchen, Eisenbahndämmen und ähnlichen Stellen leicht verwildert werden.

No. 135. Origanum heracleaticum.
Dosten.

Ein Ziergewächs. Höhe: 50 Ctm. Aussaat: In Töpfe. Blütezeit: Juli—Oktober.

Ist eine ganz vorzügliche Honigpflanze und der größten Verbreitung wert. Liebt einen mehr trockenen als feuchten Standort und ist von langer Lebensdauer.

Man suche dieselbe in allen Gärten, auf Friedhöfen u. s. w. zu verbreiten.

No. 136. **Origanum perenne.**
Perennierender Majoran.

Ein Küchenkraut. Höhe: 50 Ctm. Aussaat: In Töpfe, kaltes Mistbeet oder auch ins freie Land. Blüte= zeit: Juni—August.

Ist eine vorzügliche Honigpflanze und liebt wie die vorhergehenden einen mehr trockenen als feuchten Standort. Scheint nur eine Form des gemeinen Dosten (O. vulgare) zu sein. Das getrocknete Kraut wird gleich dem einjährigen Majoran zur Wurstfabrikation verwendet, so daß sein Anbau sehr empfohlen werden kann. Da fast jeder Land= bewohner das Kraut beim Schlachten nicht entbehren kann, so wird diese Pflanze auch leicht in den Dorfgärten unterzubringen sein.

No. 137. **Origanum vulgare.**
Gemeiner Dosten.

Ein Arzneigewächs. Höhe: 50 Ctm. Aussaat: In Töpfe oder ins freie Land. Blütezeit: Juni—August.

Ist eine vorzügliche Honigpflanze, wächst auf Holz= schlägen, an Bergabhängen und anderen trockenen und sonnigen Orten wild, ist an solchen zu verbreiten und gedeiht auch in den Gärten; hier verlangt er gleichfalls einen sonnigen Standort.

No. 138. **Polemonium coeruleum.**
Sperrkraut.

Ein Ziergewächs. Höhe: 70 Ctm. Aussaat: In Töpfe. Blütezeit: Juni—Juli.

Hübsche Rabattenblume von leichter Kultur.

No. 139. Prunella vulgaris.
Braunelle.

Ein Futtergewächs. Höhe: 20 Ctm. Aussaat: Ins Freie. Blütezeit: Juli—September.

Ist als Futterpflanze nur wenig ergiebig, gedeiht aber leicht, so daß sie auf Leben, Rändern, Triften u. s. w. angesäet werden kann. Die Pflanze wächst fast überall wild, ebenso auch P. grandiflora, welche als Zierpflanze in den Gärten kultiviert wird.

No. 140. Rudbeckia grandiflora.
Bandblume.

Ein Ziergewächs. Höhe: 1—2 Mtr. Aussaat: In Töpfe. Blütezeit: Juni—August.

Wird gegen zwei Meter hoch; Vermehrung auch durch Teilung alter Pflanzen. Dasselbe gilt auch von R. Neumanni. Beide bilden harte Stauden und eignen sich besonders für Parkanlagen.

No. 141. Ruta graveolens.
Weinraute.

Ein Küchenkraut und auch offizinell. Höhe: 60 Ctm. Aussaat: In Töpfe oder ins freie Land. Blütezeit: Juni bis August.

No. 142. Salvia officinalis.
Salbei.

Ein Küchenkraut und auch offizinell. Höhe: 50 bis 70 Ctm. Aussaat: In Töpfe, kaltes Mistbeet oder auch ins freie Land. Blütezeit: Juni—Juli.

No. 143. Saxifraga caespitosa.
Steinbrech.

Ein Ziergewächs. Aussaat: In Töpfe. Blütezeit: Mai—Juni.

Diese und noch verschiedene andere Steinbrecharten werden auch durch Teilung alter Pflanzen vermehrt. Sie sind sämtlich niedrig und können zu Einfassungen benutzt werden.

No. 144. **Scrophularia nodosa.**
Braunwurz.

Offizinelle Pflanze. Höhe: 70—100 Ctm. Aussaat: In Töpfe oder ins freie Land. Blütezeit: Juli bis August.

Kommt hier und da auf Uferdämmen, Schuttboden und dergleichen Orten wild vor und kann an solchen Stellen verbreitet werden. Im Garten kann man der Pflanze einen sonst wenig benutzten Platz anweisen.

No. 145. **Sedum camtschaticum.**
Mauerpfeffer.

Ein Ziergewächs. Aussaat: In Töpfe. Blütezeit: Juli—September.

Diese und noch verschiedene andere Arten werden gleichfalls durch Teilung der Pflanzen vermehrt. Sie lieben alle einen sonnigen, trockenen Standort und werden wegen ihres niedrigen Wuchses zu Einfassungen der Gartenbeete benutzt. Sonst eignen sie sich auch noch zum Bepflanzen von Mauern, künstlichen Stein- und Felspartien und können ebenso auch in der freien Natur an Felsenabhänge angesiedelt werden.

No. 146. **Spiraea Ulmaria.**
Gaisbart.

Eine wildwachsende und offizinelle Pflanze, von welcher auch einige Spielarten in den Gärten gezogen werden. Höhe: 1 Mtr. Aussaat: In Töpfe oder ins freie Land. Blütezeit: Juli—August.

Der Gaisbart wächst wild an Uferrändern, in feuchtem Gebüsch und anderen feuchten Orten und kann von dort weiter verbreitet werden. Im Garten gedeiht er leicht, doch giebt man ihm auch hier lieber einen nicht zu trockenen Standort.

No. 147. **Stachys germanica.**
Deutscher Zieft.

Ein Ziergewächs. Höhe: 60—80 Ctm. Aussaat: In Töpfe oder ins freie Land. Blütezeit: Juli bis September.

Eignet sich zum Verwildern auf Holzschlägen, wie wüsten und steinigen Orten.

No. 148. **Stachys lanata.**
Zieft.

Ein Ziergewächs. Höhe: 60 Ctm. Aussaat: In Töpfe. Blütezeit: Juni—August—September.

Wird in Gärten wegen seiner silbergrauen Belaubung gezogen und ist dem vorigen ähnlich.

No. 149. **Thaliotrum angustifolium.**
Wiesenraute.

Ein Ziergewächs. Höhe: 1 Mtr. Aussaat: In Töpfe. Blütezeit: Juni—Juli.

Für Rabatten.

No. 150. **Thymus serpyllum.**
Quendel oder Feldthymian.

Ein offizinelles Gewächs. Aussaat: In Töpfe oder ins freie Land. Blütezeit: Juni—Oktober.

Diese auf steinigen und sonnigen Anhöhen wild wachsende Pflanze hat einen niedrigen, kriechenden Wuchs und eignet sich zum Verwildern wüster Bergabhänge,

Eisenbahndämme und dergleichen Orte. Man sollte die zerstreut wachsenden Pflanzen sammeln und mehr in die Nähe der Ortschaften anpflanzen.

No. 151. **Thymus vulgaris.**
Thymian.

Ein Küchenkraut und auch offizinell. Höhe: 15 Ctm. Aussaat: In Töpfe, kaltes Mistbeet oder ins freie Land. Blütezeit: Mai—Juni.

Wird gern zu Einfassungen benutzt und kann des Samens halber, welcher leicht Absatz an die Samenhandlungen findet, mit angebaut werden.

No. 152. **Tradescantia virginica.**
Tradeskantie.

Ein Ziergewächs. Höhe: 30—50 Ctm. Aussaat: In Töpfe. Blütezeit: Juni—Oktober.

Läßt sich auch leicht durch Teilung der alten Stöcke vermehren und paßt für Rabatten.

No. 153. **Trifolium incarnatum.**
Inkarnatklee.

Eine Futterpflanze. Höhe: 50 Ctm. Aussaat: Ins freie Land an Ort und Stelle. Blütezeit: Juli bis September.

Blüht meist etwas später als der Rotklee und ist in nördlichen Gegenden auch weniger ausbauernd als dieser.

No. 154. **Trifolium pratense.**
Rotklee oder Dickkopfklee.

Ein vorzügliches Futtergewächs. Höhe: 50 Ctm. Aussaat: Ins Freie, im Gemenge mit Sommergetreide, wie Gerste und Hafer. Blütezeit: Juni—Juli, dann nochmals im September.

Er ist außerordentlich honigreich, doch kann die Biene wegen der langen Blütenröhren nicht zu seinen Honiggefäßen gelangen, weshalb der so reichliche Honigsaft von ihr nicht ausgenutzt werden kann. Bisweilen kommt es aber vor, daß der Honigsaft seine Blütenröhrchen ganz anfüllt, so daß diese überlaufen und dann giebt es eine Lust für die lieben Bienchen. Um der Biene den Honigreichtum dieses Klees mehr aufzuschließen, empfiehlt es sich, hohe Geldprämien demjenigen in Aussicht zu stellen, der eine Spielart davon erzielt, welche der Biene zugänglicher ist. Ob sich aber eine solche erzielen lassen wird, ist freilich ungewiß, es müßte jedoch versucht werden. Der Kunstgärtner hat bereits von den Gartengewächsen die glänzendsten Erfolge erzielt und manche Pflanze in allerlei Gestalten und Eigenschaften mit Hülfe der gütigen Natur umgewandelt. Wenn aber nun die Gartengewächse der Umwandlungen fähig sind, sollte da der Rotklee nicht auch eine solche zulassen? Auch die Umstände, welche das Ueberfließen des Honigsaftes dieser Pflanze bisweilen herbeiführen, sollten genauer erforscht werden, denn vielleicht wäre es nicht unmöglich, daß sich dergleichen Vorgänge von uns fördern und unterstützen ließen.

No. 155. Trifolium hybridum.
Schwedischer oder Bastardklee.

Ein Futtergewächs. Höhe: 50 Ctm. Aussaat: Ins Freie, im Gemenge mit Hafer oder Gerste; beide als schützende Ueberfrucht. Blütezeit: Juni—Juli, dann nochmals September—Oktober.

Diese Kleeart ist der Biene schon mehr zugänglich, namentlich wenn sie auf trockenem und hungrigen Boden steht. Er eignet sich deshalb gut zum Verwildern auf Leden, Triften u. s. w.

No. 156. **Trifolium repens.**
Weißer Wiesenklee.

Ein Futtergewächs. Höhe: 20—40 Ctm. Aussaat: Ins Freie im Gemenge mit Gerste und Hafer. Blüte=zeit: Mai—September.

Sehr honigreich und der Biene von allen Kopfkleearten der am meisten zugängliche. Auf Wiesen, Triften, Leden, unbenutzten Bergäckern, Wegerändern, Holzschlägen, Eisen=bahndämmen, allüberall sollte ihn der Bienenwirt ansäen und so mit ihm die Bienenweide verbessern und bereichern.

No. 157. **Verbascum Thapsus.**
Königskerze.

Eine offizinelle Pflanze. Aussaat: Ins freie Land. Meist nur zweijährig. Höhe: $1\frac{1}{2}$—3 Mtr. Blütezeit: Juli—September.

Dient zur Verwilderung auf Holzschlägen, Eisenbahn=dämmen u. s. w.

No. 158. **Verbena officinalis.**
Eisenbart.

Eine offizinelle Pflanze. Höhe: 60—80 Ctm. Aus=saat: Ins freie Land. Blütezeit: Juli—November.

Eignet sich zur Bepflanzung wüster Plätze und ist da, wo er gut honigt, wegen seines langen Blühens sehr beachtenswert.

No. 159. **Veronica gracilis.**
Zierlicher Ehrenpreis.

Ein Ziergewächs. Höhe: 20 Ctm. Aussaat: In Töpfe. Blütezeit: Juni—August.

Für Einfassungen und Rabatten.

No. 160. **Veronica longifolia.**
Langblättriger Ehrenpreis.

Ein Ziergewächs. Höhe: 60—80 Ctm. Aussaat: In Töpfe. Blütezeit: Juni—September.

Sehr blüten= und honigreich und sollte überall in den Gärten Verbreitung finden.

No. 161. **Veronica orientalis.**
Morgenländischer Ehrenpreis.

Ein Ziergewächs. Höhe: 10 Ctm. Aussaat: In Töpfe. Blütezeit: Juni—Oktober.

Niedrig wachsend und zu Einfassungen zu empfehlen.

No. 162. **Veronica tartarica.**
Tartarischer Ehrenpreis.

Ein Ziergewächs. Höhe: 60—80 Ctm. Aussaat: In Töpfe. Blütezeit: Juni—September.

Dem V. longifolia sehr ähnlich und ebenso blüten= und honigreich als dieser.

Außer den genannten Sorten sind es noch verschiedene andere Ehrenpreisarten, welche der Biene zur Nahrung dienen. Sie sind alle in der Behandlungsweise ziemlich gleich und lieben mehr einen sonnigen als schattigen Standort; der größten Verbreitung wert, eignen sie sich für Rabatten, besonders aber auch zur Umsäumung von Strauchpartien, zum Bepflanzen öffentlicher Anlagen und Friedhöfen.

C. Zwiebelartige Gewächse.

Mit Ausnahme einiger wenigen Sorten werden die Zwiebelgewächse mehr durch Zwiebelbrut als durch Samen gezogen. Viele der zwiebelartigen honigliefernden Gewächse sind schönblühende Frühlingsblumen und tragen so zur Bereicherung der Frühtracht bei, weshalb sie Beachtung verdienen.

No. 163. Allium Cepa.
Gemeine Eßzwiebel.

Bekanntes Küchengewächs. Höhe: 1 Mtr. Aussaat: Ins freie Land. Blütezeit: Juli—August.

Trägt erst im zweiten Jahr nach der Aussaat Blüten, ist sehr honigreich, verleiht aber dem Honig einen zwiebelartigen Beigeschmack. Kann zur Samengewinnung angebaut werden.

No. 164. Allium fistulosum.
Winterzwiebel.

Ein Küchengewächs. Höhe: 30 Ctm. Aussaat: Ins freie Land; sonstige Vermehrung durch Teilung der Mutterzwiebeln. Blütezeit: Juni.

Bedarf fast keiner Pflege und liefert die ersten Grünzwiebeln (Schlotten), ist deshalb für jede Haushaltung von Wert, so daß es dem Imker nicht schwer wird, diese Pflanze vielseitig zu verbreiten.

No. 165. Allium Porrum.
Porree oder Lauch.

Ein Küchengewächs. Höhe: 1 Mtr. Aussaat: Ins Mistbeet oder ins freie Land. Blütezeit: Juli.

Kann nebenbei der Samengewinnung wegen mit angebaut werden. Die Samenzucht von Zwiebeln und Porree ist wohl mehr dem Gärtner, welcher gleichzeitig auch Bienenzucht treibt, anzuempfehlen.

No. 166. Allium Schoenoprasum.
Schnittlauch oder Rasenlauch.

Ein Küchengewächs. Höhe: 20 Ctm. Aussaat: Ins freie Land. Blütezeit: Mai—Juni.

Wird besser und leichter durch Teilung der Pflanzen vermehrt und in Gärten zu Einfassungen benutzt. Man sieht den Schnittlauch, welcher eine lange Lebensdauer hat, in jedem Küchengarten gern, so daß es dem Bienenfreund ein leichtes ist, ihn zu verbreiten.

No. 167. Bulbocodium vernum.
Uchtblume.

Ein Ziergewächs. Höhe: 5 Ctm. Vermehrung: Durch Brutzwiebeln im Spätsommer und Herbst. Blütezeit: März—April.

Wird zu Einfassungen benutzt und ist eine der zuerst blühenden Bienenpflanzen.

No. 168. Crocus vernus.
Krokus.

Ein Ziergewächs. Höhe: 5 Ctm. Vermehrung: Am besten durch Zwiebelbrut im Spätsommer und Herbst. Blütezeit: März—April.

Die Biene besucht seine Blüten sehr gern. Schöne Einfassungsblume und wegen seines frühen Blühens beachtenswert.

No. 169. Frittelaria imperialis.
Kaiserkrone.

Ein Ziergewächs. Höhe: 1 Mtr. Vermehrung: Am besten im Herbst durch Zwiebelbrut. Blütezeit: April—Mai. Für Rabatten.

No. 170. Frittelaria Meleagris.
Kibitzei.

Ein Ziergewächs. Höhe: 50 Ctm. Vermehrung: Am besten im Herbst durch Zwiebelbrut. Blütezeit: April bis Mai.

No. 171. Galanthus nivalis.
Schneeglöckchen.

Ein Ziergewächs. Höhe: 10 Ctm. Vermehrung: Am besten im Herbst durch Zwiebelbrut. Blütezeit: März.

No. 172. Hyacinthus moschatus.
Moschushyacinthe.

Ein Ziergewächs. Höhe: 10 Ctm. Vermehrung: Am besten im Herbst durch Zwiebelbrut. Blütezeit: April.

Auch die übrigen Hyacinthen = Species werden von der Biene aufgesucht.

No. 173. Leucojum vernum.
Waldschneeglöckchen.

Ein Ziergewächs. Höhe: 15 Ctm. Vermehrung: Am besten im Herbst durch Zwiebelbrut. Blütezeit: März. Paßt zu Einfassungen.

No. 174. Tulipa hortensis.
Tulpe.

Ein Ziergewächs. Höhe: 20—50 Ctm. Vermehrung: Am besten im Herbst durch Zwiebelbrut.

Blütezeit: April—Mai; die der spätblühenden Sorten: Mai bis Juni.

Für Beete, Rabatten und Gruppen.

Außer den genannten sind es noch mancherlei andere Zwiebelgewächse, welche der Biene einige Nahrung geben, aber von zu geringem Werte sind, als daß sie hier zur Aufzählung kommen müßten.

D. Baum- und strauchartige Gewächse.

Viele der holzartigen Bienennährpflanzen werden nicht nur durch Samen, sondern auch durch Wurzelausläufer und Stecklinge vermehrt und ist letztere Vermehrungsweise oftmals die zweckmäßigere, weil sie am schnellsten zu blühenden Pflanzen führt. Der Samen der meisten holzartigen Gewächse keimt erst im zweiten Jahre nach der Aussaat, und da dieser die Keimkraft sehr schnell verliert, so ist in den meisten Fällen ein Aussäen gleich nach seiner Ernte das empfehlenswerteste. Auch säe man dergleichen Samensorten in kleine Furchen, weil sie dann besser von der Erde bedeckt werden. Wegen langer Lebensdauer, leichten Gedeihens und ohne Ansprüche auf dauernde Pflege zu machen, verdienen die holzartigen Pflanzen die größte Beachtung und Verbreitung; denn einmal angepflanzt, bereichern und verbessern sie die Bienenweide auf viele Jahrzehnte, ja manche von ihnen sogar auf Jahrhunderte.

No. 175. Acer campestre.
Feldahorn.

Ein Waldbaum von mittlerer Höhe. Aussaat: Im Spätherbst, Winter und zeitigen Frühjahr. Blütezeit: Mai.

Man pflanze den Feldahorn an die Außenseiten der Wälder, an Hohlwege, Zäune und solche Orte, wo er anderen Gewächsen nicht im Wege steht.

No. 176. Acer platanoides.
Spitz-Ahorn.

Ein Waldbaum von größerer Höhe. Aussaat: Im Herbst gleich nach Reife des Samens, weil derselbe sich nur kurze Zeit keimfähig hält. Blütezeit: Mai.

Der Bienenfreund suche diesen Baum in den Ortschaften, auf Angern, an Straßen u. s. w. zu verbreiten.

No. 177. Acer Pseudoplatanus.
Gemeiner oder Weiß-Ahorn.

Ein Waldbaum von größerer Höhe. Aussaat: Im Herbst gleich nach Reife des Samens. Blütezeit: Mai.

Ist an gleichen Stellen wie der vorige anzupflanzen.

No. 178. Acer saccharinum.
Zucker-Ahorn.

Zierbaum von mittlerer Höhe. Aussaat: Im Herbst, Winter und Frühjahr. Blütezeit: Mai.

Für Parkanlagen.

No. 179. Aesculus Hippocastanum.
Gemeine oder Roßkastanie.

Allee- und Zierbaum; in südlichen Gegenden Waldbaum. Aussaat: Im Herbst, Winter und Frühjahr. Blütezeit: Juni.

Zu Alleen, Anlagen 2c. verwendbar.

No. 180. **Ailanthus glandulosa.**
Götterbaum.

Ein Zierbaum. Das Laub dient als Nahrung für Seidenraupen. Aussaat: Am besten in flache Holzkästen. Blütezeit: August.

i   Das junge Holz erfriert leicht, daher ist er zum Anbau n k älteren Gegenden weniger zu empfehlen.

No. 181. **Alnus glutinosa.**
Rot-Erle.

Ein Waldbaum von größerer Höhe. Aussaat: Im Herbst, Winter und Frühjahr. Blütezeit: Juni.

Liebt feuchte Stellen und gedeiht deshalb gut an Wasserufern.

No. 182. **Ampelopsis quinquefolia.**
Wilder oder Jungfernwein.

Ein Schlinggewächs. Aussaat: Im Herbst und Frühjahr ins freie Land. Vermehrt sich leicht, wenn man seine Ranken auf die Erde legt und mit Pflöcken oder Haken befestigt. Blütezeit: Juni—August.

Wird von der Biene fleißig aufgesucht und ist leicht an Gebäuden, Wänden, Mauern, Felsen und Lauben zu ziehen.

No. 183. **Amygdalis nana.**
Zwerg-Mandel.

Ein Zierstrauch. Höhe: 70—100 Ctm. Vermehrt sich leicht durch Ausläufer. Blütezeit: Mai.

Für Parkanlagen und Blumengärten.

No. 184. **Berberis vulgaris.**
Berberitze oder Sauerdorn.

Hier und da wildwachsend; wird vielfach als Zier=strauch verwendet. Höhe: 1—2 Meter. Aussaat: Im

Herbst und Frühjahr. Blütezeit: April—Mai. An Berg=
abhängen und Rändern, in Hecken und Zäunen kann man
diesen Strauch leicht verwildern.

No. 185. **Betula alba.**
Birke.

Bekannter Nutzholzbaum. Blütezeit: Im Frühjahr.
Aussaat: Ins freie Land, entweder an Ort und Stelle
oder auf Saatbeete, um die Sämlinge später zu verpflanzen.

Liefert der Biene Kitt und Pollen; deshalb empfiehlt
es sich, die Birke in Gärten, Hecken, Anlagen u. s. w. mit
anzupflanzen.

No. 186. **Caragana arborescens.**
Erbsenbaum.

Zierbaum von nur mäßiger Höhe. Aussaat: Im
Herbst und Frühjahr. Blütezeit: Mai—Juni.

Für Parkanlagen und Hecken zu verwenden.

No. 187. **Clematis Vitalba.**
Waldrebe.

Ein Kletterstrauch. Höhe: 5 Meter und darüber.
Aussaat: Im Herbst und Frühjahr. Blütezeit: Juni.

In Vorhölzern und lichtem Gebüsch zu verwildern
oder an Wänden, Lauben 2c. anzupflanzen.

No. 188. **Cornus mascula.**
Korneliuskirsche oder Herlitze.

Ein Nutz= und Zierstrauch. Aussaat: Am besten im
Herbst ins freie Land. Blütezeit: Februar—März.

Wird vielfach zu Hecken und Zäunen benutzt, läßt
sich aber auch zum Baum ziehen. Giebt der Biene im
Frühjahr mit die erste Nahrung; ihre länglichen, roten
Früchte sind genießbar.

No. 189. **Cornus sanguinea.**
Hartriegel.

Ein Strauch. Höhe: 2 Mtr. und darüber. Aussaat: Im Herbst und Frühjahr. Blütezeit: Mai—Juni.

Man pflanze denselben in Hecken und an Zäune, Ränder und Bergabhänge 2c.

No. 190. **Corylus Avellana.**
Haselnuß.

Bekannter Nutzstrauch. Aussaat: Im Herbst oder zeitigen Frühjahr. Blütezeit: Februar—März.

In Gegenden, wo solcher hinreichend vorkommt, hat man nichts weiter nötig, als ihn unbeschnitten wachsen zu lassen, damit er altes Holz und Blüten (Kätzchen) tragen kann. Am besten zieht man ihn aber zu Bäumchen, besonders in Hecken und an Gartenzäunen. Die großfrüchtigen Sorten, wie Zeller= und Lambertsnuß, werden gleichfalls am besten baumartig gezogen, da sie auf diese Weise weniger Platz einnehmen.

No. 191. **Crataegus Oxyacantha.**
Weißdorn.

Ein bekannter Strauch, der sich zu Bäumchen ziehen läßt und von welchen verschiedene einfach= und gefüllt= blühende Spielarten sich auch für Gartenanlagen eignen. Aussaat: Im Herbst und Frühjahr. Blütezeit: Mai.

Man rechnet den Weißdorn mit zu den Bienen= pflanzen; ich selbst sah ihn bisher von den Bienen nicht beflogen. Man pflanze ihn da, wo er wirklich honigt, an alle freien Stellen an. Im übrigen verwendet man ihn zu dichten, undurchdringlichen Hecken.

No. 192. **Cydonia vulgaris.**
Quitte.

Ein Strauch, welcher in den Gärten meist baum=
artig gezogen wird. Aussaat: Im Herbst oder Frühjahr.
Der Same ist vor dem Aussäen in lauwarmem Wasser
einzuweichen und zu waschen, damit der ihn umgebende
Schleim entfernt werde. Blütezeit: Mai.

No. 193. **Daphne Mezereum.**
Seidelbast.

Einheimischer Giftstrauch. Höhe: 60—80 Ctm.
Aussaat: Im Herbst und Frühjahr. Blütezeit: März.

Ein zwar gut honigendes Gewächs; da jedoch seine
schönen roten Beeren äußerst giftig sind, ist es besser,
seine Verbreitung zu unterlassen.

No. 194. **Erica arborea.**
Baumartiges Heidekraut.

Ein Zierstrauch. Höhe: 1 Meter und mehr. Aus=
saat: In Töpfe in leichte, sandige Erde. Blütezeit: Juli
bis September.

Die Entwickelung der Samenpflanzen geht nur lang=
sam von statten und müssen diese in sandige Lehmerde
und schattige Lage gepflanzt werden. Die Zucht dieses
Heidekrautes wird nicht überall glücken, doch muß man
sie immerhin versuchen.

No. 195. **Erica vulgaris.**
Gemeines Heidekraut.

Bekannter wildwachsender Strauch oder Halbstrauch.
Aussaat: Ins freie Land in sandige Lehmerde und schattiger
Lage. Blütezeit: Juli—Oktober.

Da diese wichtige Honigpflanze nicht überall wild

wächſt, ſo kann man ihre Verbreitung an geeigneten Stellen durch Anpflanzen zu fördern ſuchen. Junge, aus Samen gezogene Pflanzen ſind hierzu beſſer geeignet als alte, wildwachſende, da ſich erſtere den neuen Verhältniſſen mehr anbequemen und beſſer wachſen. Zur Bepflanzung eignen ſich Eiſenbahndämme, Bergabhänge, Felſen, Wald=ränder und ſonſtige trockene, wenig benutzte Orte.

No. 196. **Fuchsia coccinea.**
Scharlach-Fuchſie.

Ein Zierſtrauch. Ausſaat: In Töpfe, in leichte und ſandige Erde; läßt ſich ſehr leicht aus Stecklingen ver=mehren. Blütezeit: Juli—Oktober.

Dieſe Fuchſienart iſt winterhart und hält im Freien aus; doch immerhin thut man wohl, ſie durch Bedecken mit Stroh oder Tannenreiſig etwas zu ſchützen, be=ſonders in ihrer Jugend. Sie iſt ſehr hübſch und reichblühend und wird deshalb in den Gärten eine bereit=willige Aufnahme finden.

No. 197. **Ligustrum vulgare.**
Rainweide oder Liguſter.

Ein Heckenſtrauch. Höhe: 2—4 Meter. Ausſaat: Im Herbſt und Frühjahr. Blütezeit: Juli.

Giebt ſchöne Hecken und Zäune; durch das Beſchneiden derſelben werden jedoch ſeine Blüten ſehr vermindert. Man pflanze den Liguſter deshalb auch an allerlei un=benutzte Orte und laſſe ihn ungeſtört wachſen. Er wird auch durch Wurzelausläufer vermehrt und gedeiht überall.

No. 198. **Lonicera Caprifolium.**
Jelängerjelieber.

Ein Kletterstrauch. Höhe: 3 Meter und darüber. Aussaat: Im Frühjahr; wird hauptsächlich durch Ausläufer und Stecklinge vermehrt. Blütezeit: Juni.

Dient zur Bekleidung der Lauben und Wände und läßt sich auch leicht an Bergabhängen verwildern.

No. 199. **Lycium europaeum.**
Teufelszwirn.

Ein Zierstrauch. Höhe: Einige Meter. Aussaat: In Töpfe oder ins freie Land. Blütezeit: Mai bis November.

Wächst an sonnigen Orten wild, gewährt der Biene lange Zeit Nahrung und läßt sich auch leicht durch Wurzelausläufer vermehren. Man benutzt ihn zur Bekleidung von Lauben und zu Zäunen; auch kann man ihn leicht an felsige Abhänge und Bergwände, altes Gemäuer, Festungswälle, Eisenbahndämme 2c. anbringen. Er verdient deshalb die größte Verbreitung.

No. 200. **Pirus communis.**
Birne.

Allgemein bekannte Obstgattung.

No. 201. **Pirus Malus.**
Apfel.

Allgemein bekannte Obstgattung.

No. 202. **Populus balsamea.**
Balsam-Pappel.

Ein Zierbaum. Vermehrung: Durch Wurzelausläufer.

An dieser sind es die balsamisch duftenden, klebrigen Blattknospen, welche von der Biene besucht werden.

No. 203. **Prunus Armeniaca.**
Aprikose.
Allgemein bekannte Obstgattung.

No. 204. **Prunus Cerasus Avium.**
Süßkirsche.
Allgemein bekannte Obstgattung.

No. 205. **Prunus vulgaris.**
Sauerkirsche.
Allgemein bekannte Obstgattung.

No. 206. **Prunus Mahaleb.**
Mahalebkirsche.
Allgemein bekannte Obstgattung.

Diese wie alle anderen Pirus- und Prunus-Arten bieten der Biene bekanntlich viel Nahrung. Den Obstbau pflegen, heißt darum auch die Bienenzucht heben. Die Aussaat geschieht zum Teil gleich nach der Reife der Früchte oder im Frühjahr. Man säet entweder in Holzkästen oder auf Gartenbeete, auf letzteren in Rinnen oder kleinen Furchen. Wegen der allgemein bekannten Kulturmethode darf hier wohl von einer weiteren Beschreibung abgesehen werden.

No. 207. **Rhamnus Frangula.**
Faulbaum oder Pulverholz.
Ein Strauch. Aussaat: Ins freie Land. Blütezeit: Juli.

Wächst in Laubwaldungen als Unterholz und kann am Saume der Wälder, in Hecken, an Zäunen ꝛc. verbreitet werden.

No. 208. **Ribes Grossularia.**
Stachelbeere.

Bekannter Beerenstrauch. Aussaat: Ins freie Land. Blütezeit: April.

Ist für die erste Tracht von größter Wichtigkeit und sollte der Bienenfreund ihre weiteste Verbreitung zu erstreben suchen. Da sich die Stachelbeere leicht aus Samen, Wurzelausläufern und Stecklingen vermehren läßt und überdies eine beliebte Beerenfrucht ist, so ist es nicht schwer, sie in allen Gärten unterzubringen. Der Bienenwirt sorge deshalb für reichliche Vermehrung und verschenke sie so viel als möglich. Es giebt frühe und späte Sorten; zweckmäßig ist es, von beiden zu ziehen, da sich so die Blütezeit zu einer länger andauernderen gestalten läßt. Man hat auch eine nur erbsengroße Spielart, welche sehr buschig und manneshoch wächst und sich besonders zu Hecken eignet. Nicht nur allein aber in die Gärten, sondern auch an jede verfügbare Stelle pflanze man den Stachelbeerstrauch, denn er gedeiht sowohl am Rande des Bachufers wie auch auf trockenen Felsen, ja selbst in den Mauerritzen alter Ruinen.

No. 209. **Ribes aureum.**
Gelbblühende Johannisbeere.

Ein Zierstrauch. Aussaat: Ins freie Land. Läßt sich leicht durch Stecklinge und Wurzelausläufer vermehren. Blütezeit: April—Mai.

No. 210. **Ribes nigrum.**
Schwarzfrüchtige Johannisbeere.

No. 211. **Ribes rubrum.**
Johannisbeere.

Diese wie No. 210 sind bekannte Beerensträucher, welche sich aus Samen, Ausläufern und Stecklingen vermehren lassen. Blütezeit: April—Mai.

No. 212. **Robinia Pseudoacacia.**
Gemeine Akazie.

Bekannter Zier= und Nutzbaum. Aussaat: Ins freie Land. Der Same keimt sehr langsam. Vermehrung auch durch Wurzelausläufer. Blütezeit: Juni.

Ist in manchen Gegenden sehr honigreich und gedeiht sogar auf steinigem, felsigen Boden; sie wird auch häufig als Alleebaum gezogen und verdient da, wo sie gut honigt, die größte Verbreitung. Auch hat man von ihr verschiedene Spielarten, darunter auch die nachstehende, öfterblühende (semperflorens), welche deshalb noch besondere Beachtung verdient.

No. 213. **Robinia Pseudoacacia semperflorens.**
Oefterblühende Akazie.

Dieselbe ist eine Spielart der vorstehenden gewöhnlichen Akazie und ist wegen ihres mehrmaligen Blühens von großer Wichtigkeit. Da sie keinen oder nur selten Samen trägt, läßt sich ihre Weiterverbreitung nur durch Vereblung der gewöhnlichen Akazie erzielen.

No. 214. **Robinia viscosa.**
Pech-Akazie.

Ein Zierbaum. Aussaat in Töpfe, wird sonst auch durch Wurzelausläufer vermehrt. Blütezeit: Juni.

Schön rotblühend, doch zartwüchsig und auch etwas empfindlich, deshalb mehr für Gärten, Anlagen 2c. geeignet.

No. 215. **Rubus Idaea.**
Himbeere.

Bekannter Beerenstrauch. Vermehrt sich leicht durch Wurzelausläufer. Blütezeit: Mai.

Von den verschiedenen Spielarten ist die Quatre de saison oder Vierjahreszeiten besonders zu empfehlen, da diese bis in den Herbst hinein blüht. Die Himbeere läßt sich leicht an unbebauten Orten verwildern, so namentlich an Eisenbahndämmen, auf Geröll und Walbblößen.

No. 216. **Salix caprea.**
Sahlweide.

Ein Strauch, welcher auch zu ansehnlichen Bäumen gezogen werden kann. Sie wächst in Deutschlands Waldungen wild und zu Anpflanzungen bedient man sich am besten wilder Pflanzen. Blütezeit: Februar—März.

Außer noch einigen anderen Weidenarten wird diese mit ganz besonderer Vorliebe von der Biene aufgesucht. Man pflanze sie daher möglichst nahe an die Ortschaften, z. B. an Zäune, Ränder, Hohlwege, Bachufer 2c.

No. 217. **Sophora japonica.**
Sophorenbaum.

Ein Zierbaum. Aussaat: Im Herbst oder Frühjahr in Töpfe oder flache Kästen. Blütezeit: August.

Seine Aufzucht ist sehr schwierig, da er leicht erfriert; mit großer Sorgfalt kann er jedoch zu stattlichen Bäumen erzogen werden. Ich kenne wenigstens hier in Erfurt einen solchen Baum von hohem Alter und ansehnlicher Stärke, welcher alljährlich blüht und an dessen akazienartigen Blüten sich die Bienen fleißig zu schaffen machen. Jedenfalls sollte seine Kultur der späten Blüte wegen versucht werden.

No. 218. Sorbus Aucuparia.
Eberesche oder Vogelbeerbaum.

Ein Nutz= und Zierbaum. Aussaat: Im Herbst ins freie Land. Blütezeit: Mai.

Man trifft ihn in den Waldungen wild und häufig als Alleebaum an Chausseen. Er wird von manchen Bienenfreunden verworfen, weil sie meinen, die Bienen würden von seinem Besuch krank, doch stellen wieder andere dies entschieden in Abrede.

No. 219. Symphoricarpus racemosus.
Schneebeere.

Ein Zierstrauch. Aussaat: Ins freie Land; läßt sich auch leicht durch Schößlinge oder Wurzelausläufer vermehren. Blütezeit: Juni—Oktober.

Blüht ununterbrochen und ist deshalb sehr wertvoll. Für Parkanlagen, Friedhöfe und Gärten geeignet. Gedeiht überall und sollte an allen unbenutzten Stellen angepflanzt werden.

No. 220. Symphoricarpus vulgaris.
Gemeine Schneebeere.

Von denselben Eigenschaften wie die vorige und ebenso zu behandeln.

No. 221. Syringia vulgaris.
Silberblüte, Flieder oder Holunder.

Ein Zierstrauch, welcher sich auch zu Bäumchen ziehen läßt. Blütezeit: Juni.

Wird mit zu den Bienensträuchern gezählt und darf deshalb hier nicht übergangen werden. Ich selbst sah jedoch seine Blüte von der Biene nicht besucht.

No. 222. **Tilia europaea.**
Linde.

Bekannter Nutz= und Alleebaum. Aussaat: Im Herbst ins freie Land. Blütezeit: Juni.

Es giebt von ihr mehrere Arten, u. a. die Sommerlinde (grandifolia) und die Winterlinde (parvifolia).

Der Bienenfreund muß ihren Anbau möglichst zu fördern suchen. Um eine längere Blütezeit zu erzielen, pflanze man von beiden Sorten, bringe diese teils in warme, teils in kalte Lagen, damit sie früh und spät blühen. Für den Imker wäre eine schon um acht Tage verlängerte Honigtracht ungemein wertvoll.

No. 223. **Tilia argentea.**
Silberlinde.

Schöner Zierbaum. Aussaat: Im Herbst oder zeitigen Frühjahr auf Saatbeete ins freie Land. Blütezeit: Juni.

Wurde mir als äußerst wertvoll genannt, weil sie in jedem Jahre reichlich blüht und nie versagt. Man suche dieselbe deshalb in allen Anlagen und Gärten zu verbreiten.

No. 224. **Ulmus campestris.**
Ulme oder Rüster.

Ein Nutzholzbaum. Blütezeit: Im zeitigen Frühjahr. Aussaat: Im Herbst oder auch schon gleich nach der Samenreife (Mai) auf Saatbeete ins frei Land.

Wegen frühzeitigen Blühens für die Frühtracht äußerst wichtig und deshalb mit allem Fleiße zu verbreiten. Da die Blütezeit der Ulme ins Frühjahr fällt, wo nach verlockendem Sonnenschein oftmals plötzlich kalter, rauher Wind eintritt, welcher die Biene bei einem weiteren

Ausfluge erstarren läßt, so empfiehlt es sich, die Ulme soviel als möglich in die Nähe der Ortschaften anzupflanzen, damit die Biene nur einen kurzen Heimweg habe.

No. 225. **Vaccinium Myrtillis.**
Heidelbeere.

Bekannter Beerenstrauch. Blütezeit: Mai. Wächst in Waldgegenden wild und ersetzt hier die Obstblüte.

No. 226. **Vaccinium Vitis idaea.**
Preißelbeere.

Bekannter Beerenstrauch, welcher, wie der vorstehende, in unseren Wäldern wächst und in manchen Gegenden zu einer reichen Honigtracht viel mit beiträgt. Beide Sorten nur der Biene wegen zu kultiviren, ist nicht anzuraten.

No. 227. **Vitis odoratissima.**
Wohlriechender Wein.

Schlingpflanze. Höhe: Einige Meter. Aussaat: Im Frühjahr ins freie Land, läßt sich auch leicht durch Stecklinge vermehren. Blütezeit: Juni.

Ist äußerst honigreich und dient zur Bekleidung von Wänden, Lauben 2c. und ist sehr zu empfehlen.

Inhalts-Verzeichnis.

Preis-Liste

über Honig- und Bienenpflanzen-Samen

von **Friedr. Huck** in **Erfurt.**

A. Einjährige Sorten.

	à Port.	à 20 Gr.
	Pf.	Pf.
Asperula azurea setosa, blaublühender Waldmeister	10	50
Bartonia aurea, Bartonie . . .	10	30
Borago officinalis, Gurkenkraut, à Ko. 3 M.	5	15
Brassica Napus, Raps, à Ko. 60 Pf. .	5	10
„ Rapa, Sommerrübsen, à Ko. 60 Pf.	5	10
Centaurea moschata, moschusartige	10	30
„ suaveolens, wohlriechende	10	50
Cerinthe, bicolor, Wachsblume	10	40
„ retorta . . .	10	40
Clarkia elegans, Klarkie	10	40
„ pulchella . . .	10	40
Convolvulus tricolor, niedrige Winde .	10	30
Coriandrum sativum, Koriander, à Ko. 80 Pf. .	5	10
Dracocephalum moldavicum, Drachenkopf	10	50
Echium creticum, Natterkopf	30	—
„ plantagineum .	30	—
„ violaceum . .	30	—
Elsholtzia cristata, Elsholzie . .	10	40
Escholzia californica, kalifornischer Mohn	10	30
Euphrasia Odontides, Kornheide	20	150
Eutoca viscida, Eutoka .	10	40
„ Wrangeliana	10	40
Gilia capitata, Gilie .	10	30
„ tricolor, dreifarbige .	10	30
Guiterrezia gymnospermoides .	15	30
Helianthus annuus, Sonnenblume	5	15

	à Port. Pf.	à 20 Gr. Pf.
Helianthus annuus fl. pl., gefüllte .	10	50
„ argophyllus, filberblättrige	10	50
„ californicus, kalifornische	10	60
Iberis odorata, Schleifenblume . .	10	80
Impatiens glanduligera, Riesenbalsamine	80	—
Isatis tinctoria, Waid . .	10	80
Ipomea purpurea, Trichterwinde	10	80
Lallemantia canescens, Lallemantie	15	60
„ peltata . . .	15	60
Lavatera trimestris, Sommerpappel	10	80
Leonorus cardiaca	20	120
Lupinus luteus, Lupine, à Ko. 80 Pf.	5	15
Malope grandiflora, Malope	10	80
Matthiola bicornis, Matthiole	10	50
Melilotus coeruleus, Balsamklee	10	20
Nicotiana rustica, Bauerntabak . . .	20	—
Nigella sativa, Schwarzkümmel, à Ko. 1 M.	5	10
„ damascena, Braut in Haaren	10	80
Nolana grandiflora, Noleane .	10	40
„ lanceolata, langblättrige	10	40
Ocimum basilicum, Basilikum . .	10	40
„ „ crispum, kleiner	10	40
Oenothera Lamarkiana, Nachtkerze	10	40
Origanum Majorana, Majoran	5	25
Ornithopus sativus, Serabella	5	10
Oxalis Valdiviana, Sauerklee	20	—
Phacelia congesta, Phacelia . .	10	80
„ tanacetifolia, rainfarrenblättrige	10	80
Pimpinella Anisum, Anis, à Ko. 1 M. . .	5	10
Polygonum Fagopyrum, Buchweizen, à Ko. 90 Pf.	5	10
Reseda luteola, Wau .	10	40
„ odorata, Reseda .	10	80
Salvia coccinea, Scharlachsalbei	25	—
„ farinacea . . .	20	—
„ Horminium, Hornsalbei .	10	80
Sanvitalia procumbens, Sanvitalie	20	—
Scabiosa major, Skabiose .	10	40
Sycios angulata, Haargurke .	10	50
Sinapis alba, Senf, à Ko. 80 Pf.	5	10
Trifolium agrarium, Ackerklee . .	10	80
Trigonella foenum graecum, Siebenzeiten	5	10
Vicia Faba, Puffbohne, à Ko. 80 Pf.	—	10
„ sativa, Wicke, à Ko. 60 Pf.	—	10

B. Ausdauernde Sorten.

	à Port.	à 20 Gr.
	Pf.	Pf.
Adonis vernalis, Frühlings-Adonis	10	30
Althaea rosea var. nigra, Malve	10	45
Anchusa angustifolia, Ochsenzunge	80	—
„ azurea, himmelblaue	15	50
„ incarnata, fleischrote	20	75
Aquilegia vulgaris fl. pl., Akelei	10	40
Arabis alpina, Alpengänsekraut	20	120
Alisma plantago, Froschlöffel	20	—
Asclepias syriaca, Seidenpflanze	80	—
Aubrietia columnae, Aubriette	20	—
Ballota nigra, schwarze Nessel	10	90
Barbara vulgaris, Barbenkraut	10	50
„ „ fol. var., buntbl.	15	60
Bryonia alba, Gichtrübe	10	50
Campanula Medium, Glockenblume	10	60
„ pyramidalis, pyramidenartige	20	100
Chelone barbata, Schildblume	15	60
Digitalis purpurea, Fingerhut	10	50
Dracocephalum altaiense, Drachenkopf	20	—
Epilobium angustifolium, Weidenröschen	25	—
Echium vulgare, Natterkopf	10	50
Hedysarum coronarium, Kronenklee	10	40
„ Onobrychis, Esparsette, à Ko. 60 Pf.	5	10
„ „ biferum, zweischürige, à Ko. 80 Pf.	5	10
Helleborus foetidus, Nießwurz	20	—
Hyssopus officinalis, Ysop, à Ko. 6 M.	5	25
Lavendula vera, Lavendel	10	80
Lythrum Salicaria gracilis, Weiberich	20	—
Medicago sativa, Luzerne, à Ko. 2 M.	5	10
Melilotus alba altissima, Riesenhonigklee, à Ko. 2 M.	5	20
„ officinalis, Melilotenklee, à Ko. 1 M.	5	10
Monarda dydima, Monarde	25	—
Nepeta Cataria, Katzenmünze	20	150
„ grandiflora, großblumige	20	–
„ macrantha	20	—
„ nuda, nackte	20	—
Origanum heracleaticum, Dost	80	—
„ perenne	20	—
„ vulgare	15	—
Polemonium coeruleum, Sperrkraut	10	40
Prunella vulgaris, Braunelle	10	50
Rudbeckia grandiflora, Rudbeckie	20	—

	à Port.	à 20 Gr.
	Pf.	Pf.
Rudbeckia Neumanni	20	—
Ruta graveolens, Raute	5	15
Salvia officinalis, Salbei	5	25
Saxifraga caespitosa, Steinbrech . . .	30	—
Sedum camtschaticum, Mauerpfeffer . .	20	—
Stachys lanata, Zieft	10	75
Thalictrum angustifolium, Wiesenraute . .	15	90
Thymus Serpyllum, Quendel	20	—
„ vulgaris, Thymian	10	40
Trifolium pratense, Rotflee, à Ko. 1 M. 40 Pf.	5	10
„ hybridum, Baftardflee, à Ko. 2 M. .	5	10
„ repens, weißer Wiesenflee, à Ko. 2 M.	5	10
Veronica longifolia, Ehrenpreis	40	—
„ tartarica, tartarischer	40	—

C. Holzartige Sorten.

	à Port.	à 20 Gr.
Acer campestre, à Ko. 2 M.	—	20
„ platanoides, à Ko. 1 M.	—	20
„ Pseudoplatanus, à Ko. 1 M. . . .	—	20
Alianthus glandulosa, Götterbaum, à Ko. 2 M.	10	25
Alnus glutinosa, Erle, à Ko. 2 M. . . .	—	20
Ampelopsis quinquefolia, wilber Wein, à Ko. 4 M.	10	25
Berberis vulgaris, Berberitze, à Ko. 2 M. . .	—	20
Betula alba, Birfe, à Ko. 1 M.	—	20
Caragana arborescens, Erbfenbaum, à Ko. 5 M.	—	80
Clematis Vitalba, Walbrebe	—	80
Cornus mascula, Korneliusfirsche, à Ko. 8 M. .	10	20
Corylus Avellana, Hafelnuß, à Ko. 1 M. 50 Pf.	—	10
Erica arborea, baumartige Heibe . . .	80	—
„ vulgaris, gewöhnliche Heibe . . .	20	—
Ligustrum vulgare, Liguſter, à Ko. 1 M. 50 Pf.	—	10
Lycium europaeum, Teufelszwirn . . .	20	100
Pirus communis, Birne	—	20
„ malus, Apfel	—	20
Prunus Avium, Süßfirsche, à Ko. 1 M. 50 Pf.	—	10
„ Cerasus, Sauerfirsche, à Ko. 1 M. 50 Pf.	—	10
„ Mahaleb, Mahalebfirsche, à Ko. 8 M. .	—	20
„ Padus, à Ko. 5 M.	—	25
Rhamnus Frangula, Faulbaum	—	80
Ribes Grossularia, Stachelbeere	—	100
„ rubrum, Johannisbeere	—	50
Robinia Pseudoacacia, Afazie, à Ko. 1 M. 50 Pf.	—	10

à 20 Gr.
Pf.

Robinia viscosa, flebrige 60
Rubus Idaea, Himbeere 40
Sophora japonica, Sophore 80
Sorbus Aucuparia, Eberesche, à Ko. 80 Pf. . . 10
Symphoricarpus racemosus, Schneebeere . . . 40
       " vulgaris, gemeine 40
Syringia vulgaris 40
Tilia europaea grandifolia, großbl. Linde, à Ko. 2,50 M. . 10
  "   " parvifolia, kleinbl. Linde, à Ko. 2 M. . 10
Ulmus campestris, Ulme, à Ko. 1 M. . . . 20

Sortimente.

M. Pf.

Ein Sortiment von 10 der besten Honigpflanzen
                à 1 Portion 1 50
  "   " von 10 honigliefernden Handelsge-
wächsen . . . à 1 Portion 1 —
  " von 10 einjährigen, zum Feldbau und
Aussäen zwischen Hackfrüchten geeigneter
Sorten . . . à 1 Portion 1 —
  " von 10 einjährigen, als Gartenzierde
dienende Sorten . . . . 1 —
  "   " von 20 einjährigen, als Gartenzierde
dienende Sorten . . . . 2 —
  "   " von 10 ausdauernden, als Gartenzierde
dienende Sorten 1 50
  "   " von 20 ausdauernden, als Gartenzierde
dienende Sorten . . . . 8 —
  "   " von 10 ausdauernden, zum Verwildern
geeignete Sorten . à 1 Portion 1 —
  "   " von 10 baum- u. strauchartigen Sorten
                à 1 Portion 1 50

Ueber Gemüse-, Feld-, Wald- und Blumensamen, Pflanzen, Zwiebel- und Knollengewächse rc. stehen auf Wunsch Preisverzeichnisse zu Diensten.